U0142666

教科書裡的瘋狂實驗

漫畫物理

國家圖書館出版品預行編目資料

漫畫物理：教科書裡的瘋狂實驗／梁銀姬（양은
희）作；張惠鉉（장덕현）繪；邱敏瑤譯.--三版.--
臺北市：五南圖書出版股份有限公司, 2022.09
　面；　公分
ISBN 978-626-343-219-2（平裝）
1.CST：物理實驗 2.CST：漫畫
330.13　　　　　　　　　　111012807

ZC16

教科書裡的瘋狂實驗：
漫畫物理

作　　者	梁銀姬（양은희）
譯　　者	邱敏瑤
繪　　圖	張惠鉉（장덕현）
企劃主編	王正華
責任編輯	張維文
美術編輯	劉美珠、王麗娟
出 版 者	五南圖書出版股份有限公司
發 行 人	楊榮川
總 經 理	楊士清
總 編 輯	楊秀麗
地　　址	106臺北市大安區和平東路二段339號4樓
電　　話	(02)2705-5066　傳　真：(02)2706-6100
網　　址	https://www.wunan.com.tw
電子郵件	wunan@wunan.com.tw
劃撥帳號	01068953
戶　　名	五南圖書出版股份有限公司
法律顧問	林勝安律師
出版日期	2011年9月初版一刷 2018年11月二版一刷（共九刷） 2022年9月三版一刷 2024年9月三版四刷
定　　價	新臺幣320元

Original Korean language edition was first published in
November 2007
under the title of 무한실험：물리
Text © 2007. Yang Eun Hee
Illustration © 2007. Jang Duck Hyun
All rights reserved.
Traditional Chinese translation copyright © 2022 Wu-Nan
Book Inc.
This edition is published by arrangement with Jang Duck
Hyun, Yang Eun Hee
through Agency PK, Seoul, Korea.
No part of this publication may be reproduced, stored in a
retrieval system
or transmitted in any form or by any means, mechanical,
photocopying, recording,
or otherwise without a prior written permission of the
Proprietor or Copyright holder.

※本書繁體字版由台灣五南圖書出版股份有限公司獨家出
　版。未經許可，不得以任何形式複製、轉載。

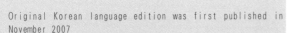

※版權所有·欲利用本書全部或部分內容，必須徵求本公司同意※

教科書裡的瘋狂實驗

漫畫物理

文 梁銀姬｜圖 張憙鉉｜譯 邱敏瑤

優秀教師們所撰寫
的趣味科學書籍

執筆於此系列生物篇的任赫老師，不只在促進科學大眾化活動方面投入心力，也是一位指導學生有佳的好老師。我們的研究團隊進行科學教師專門性研究，曾經拜託任老師給予我們觀摩他上課情形的機會。事實上，讓別人觀摩自己上課並不是一件容易的事，所以當初拜託時特別小心，而任老師也很欣快地就答應了我們的請求。

任赫老師認為上課時引起學生的興趣跟理解是非常重要的，並且一邊與學生們熱烈互動，同時也注意他們的反應。上課時學生們積極的參與及激烈的討論，不但非常有活力也很有秩序。對於之前在許多科學課裡觀察老師普通知識的我們來說，任老師的講課使我們產生了各式各樣的想法。

看著這次老師執筆的新作，同時覺得這本書完整地反映出老師對學生的用心。學生們對新奇的主題有興趣且對於有興趣的問題會主動去解決，可誘發學生們學習的內在動機。但是不論主題有多麼新奇，如果內容超出了學生所能理解的水準之外，學生很難對該主題有持續的興趣。這本書使用了學生所熟悉的漫畫來呈現，讓學生們可以很容易理解問題的狀況，且在各個地方使用了對理解有幫助的圖案來吸引學生的興

趣。除了那些部份之外，在每階段會依據學生理解的程度，提出學生可能會產生困惑的內容。我們認為這是老師利用多年來指導學生的經驗及能力所得來的成果。

事實上，以兒童或青少年為對象的科學漫畫或圖畫書近幾年十分常見。學校裡學的科學遭受既生澀又無趣的批判時有所聞，此書在提高學生的興趣且與學生們親近的方面做出了許多考量。但並非利用漫畫或圖畫來表現，就一定能讓所有學生感到簡單且有趣。再者，即使以活動、圖畫及漫畫等有趣的方式來表現自然現象，能否忠實呈現科學現象、是否確實對學生的理解有幫助也值得疑慮。

然而，這套叢書採用漫畫及圖案編排，並非單純只為引起學生的興趣，或是為了遮掩無趣的內容說明才使用這方式。本書的漫畫及圖案除了當作說明的功用之外還包含其他用途。在每個主題中所呈現的詼諧漫畫，是學生們透過想像力進行實驗或活動的內容，可激發學生好奇心的同時也促使他們提出許多跟特定現象有關的問題。

這套叢書與其他書籍最大的不同，它是以漫畫來刺激學生想像力！還有，在前一

階段提示的疑問，都會盡量讓學生在下個階段的單元裡得到解決。學生們看了瘋狂實驗漫畫單元之後持有疑問，在「老師，我有問題！」單元則有扼要的說明以解答，這裡看到的問題當然不應該是撰文的教師們教條式的問題，而應該真的是「學生的問題」，這一點極其重要。這個部分我認為應該是只有了解學生內心世界的優秀教師，才做得到的吧！

　　接著的下一階段，則是和理論相關的實驗活動用漫畫形式呈現，讓學生們可以試著親手做實驗。在這裡，可以預想前面所學的理論會以何種現象實際出現，透過實驗的操作進行確認，以求理論與實驗互相連繫一起。

　　最後的「背景知識」階段，是說明和主題相關的日常生活中的科學現象，配合學生們的興趣與理解水準，有助於增加學生理解的廣度與深度。

　　如同《教科書裡的瘋狂實驗》這系列叢書的名稱，此書跟在學校裡所學的科學有密切的關係。舉個例子來說，跟教科書相比，這本書除了利用圖片、漫畫、文字等多樣的形式之外，也利用在學校自然科學課中被認為重要且再三強調的實驗活動來與理論相互應。除此之外，也將學校課堂所強調的實驗與理論相結合，而書中多樣化的內

容補充足以滿足學生的好奇心，相信一定能提升學生對科學的興趣及理解程度，衷心向所有學生推薦此套叢書。

——金姬伯（김희백）（首爾大學師範學院生物教育系教授）

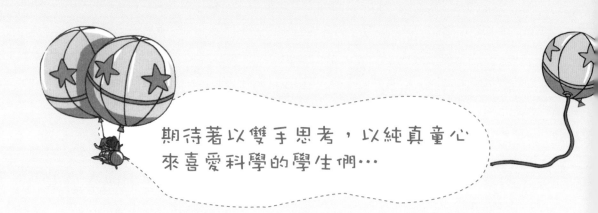

期待著以雙手思考，以純真童心
來喜愛科學的學生們…

　　從事多年的教職生活，在心中一隅總有個未知的遺憾及欲望刺激著筆者。而這種感觸在女校裡任教時感受更大。筆者在心中留下的遺憾及欲望是指無法將自己所體認到的科學趣味跟必要性充分地傳達給學生這件事。緊湊的學校課程及為了追趕每年緊迫盯人的考試進度，是筆者的能力無法解決的現實面難題。

　　但出版社sumbisori讓我得到如降甘霖令人喜悅的提議。而那時就是接到「讓我們一起寫本能讓學生了解科學趣味及本質的書吧！」的提案的那一瞬間。因此將這好消息告訴了「新奇科學教師團體」（신나는 과학을 만드는 사람들）研究會員中，曾一起活動且跟筆者一樣懷有相似夢想的三位老師。他們欣然答應了這件不簡單的事，且為了要做出好書不辭辛勞的努力到最後。朴榮姬（박영희）、梁銀姬（양은희）及崔元鎬（최원호）老師的功勞這書才得以出版。

　　科學是和人類生活共同誕生的，對人類生活有很大的影響。因為這樣，科學存在著許許多多的故事。例如，學生們愛看的電影或者日常生活，當中也隱藏著科學，若要舉例是多到數不盡的。而本書出版的目的，就是去找出那些隱藏的科學，讓一些不喜歡科學的學生們能夠擯除對科學的偏見，並走進科學。在這套叢書中，有些看似誇張甚至瘋狂的實驗，卻是能夠激發想像力的有趣實驗，目的也是要讓學生能對「科

學」引發好奇心。

　　包括筆者在內的四位老師，都是教職經歷豐富的老師。所以在展現學生們喜歡且感興趣的主題時，都很清楚會發生什麼事。「預想」可說是科學的本質，除了預想，還有觀察、解釋，這些過程之中隱藏的真正趣味，應該就是被科學的華麗與神奇吸引而想用眼睛和耳朵去注意的態度吧。所以這套書籍提示了實際的實驗與理論，希望學生們可以嚐到科學本質的滋味。而且也企盼能藉此補充學校教育課程的不足。我們應用了在學校多年教育學生的經驗，讓初次接觸實驗與理論的孩子們能夠看到有趣且容易的科學解說。使得學生們在閱讀這套書籍時，可以輕易就看懂有深度的科學知識。

　　克勞福特・霍奇金（도로시 호지킨 Dorothy Mary Crowfoot Hodgkin）在獲得諾貝爾化學獎之後，接受BBC電視台訪問時，曾說道：「我對自己從來沒有什麼野心，我只是喜歡在這個特定的領域工作。我是沉浸實驗的實驗主義者，是個以雙手思考，以純真的童心來喜愛科學的人。我從未想過會有偉大的發現。」

　　這套叢書亦如霍奇金夫人所言，是希望能讓更多的孩子以雙手思考，以純真的童心來喜愛科學。

　　最後感謝給予這套叢書出版機會的出版社社長，以及即使過了截稿時間也寬容予

以鼓勵的總編輯，感謝兩位。還有，對於漫畫組人員詼諧精采的畫風也致以謝意。最
重要的，要感謝三位老師及其家人協助老師們撥冗專心執筆，真心表達我深深的謝
意。

——作者代表，任赫（임혁）

夢想當科學家的漫畫家

　　小時候偶爾在學校實驗室裡試做的科學實驗，總是令人感到神奇不已。曾幾何時，我們班男生有超過半數的志願，都說要當「科學家」。想像科學家穿著白袍，在實驗室裡製造拯救地球的機器人，還有出動機器人去打倒惡勢力、維護社會正義與安定，我們當時就是想當這樣的科學家。可是透過教科書學到的科學並不有趣，而漸漸地，我對科學失去了興趣。或許是因為這樣，我才無法成為科學家吧！

　　不知從什麼時候開始，我將科學歸為無趣的東西，雖然有此偏見，但我知道科學並非困難的學問，在我們周遭發生的事物都不難發現科學，如果整理並且發現法則，過程應該會是十分有趣的。所以我們試著將科學的四個科目（物理、化學、生物、地球科學）的主要理論與法則，繪畫出了瘋狂實驗漫畫。因為我們認為，用漫畫畫出來的瘋狂實驗說不定可以引發出真正的科學實驗。

　　我們漫畫製作組人員這次作畫，是用小時候夢想成為科學家的心情，透過瘋狂實驗，畫出了曾經想像過的一些好玩的內容。目的是希望看了我們漫畫的所有讀者能更加接近科學，進而了解科學的樂趣。

──青江漫畫工作室

夢想我們擁有無限的想像力

「老師，您的專長是什麼呢？」

「是物理。」

「物理是什麼？」

「通常都是聽到自然科學，所以你可能還不知道什麼是物理。科學有分物理、化學、生物、地球科學。我們所學習的內容之中，力量、重力、速度、電、工具、光、聲音等，就是屬於物理的範圍。」

「您為什麼要選擇學習那麼困難的東西呢？好像都是我不想去了解的內容。」

學生對物理的印象首先就是認為困難，和數學一樣都有很多運算式。可是物理其實和我們身邊的各種現象息息相關，是在日常生活就能應用的一門學問。看到多數學生認為物理很難，令我覺得十分惋惜。因此，為了讓學生更容易接近物理，我一直以來都希望能夠透過講述自然現象與物理的關係，並且透過實驗，來呈現物理的知識內容。讓學生直接試做，是最能夠引發興趣與想像力的方法，除此之外，如果能用學生最喜歡看的漫畫來闡述物理，想必一定更能增添功效了。

拿出原子筆裡的彈簧，邊摸邊玩看看，就可以對彈力稍作了解；做出一個簡單的秤，就可以測量重力了。這麼一來，每個人都可以是小小科學家。思想是可以變得更廣闊的，試想在外太空拉彈簧會變成什麼樣子，不斷地腦力激盪，創造出無限的想像。希望這本書能夠造就出無限想像力的學生。

雖然我有這些抱負，但是對於本書是否能讓學生吸收消化書中的這些物理知識，我有一些些的沒把握。所以我盡量將內容以有趣的方式呈現，希望看了這本書之後能對科學感興趣、感受到物理的樂趣。身為物理老師的我，自從認識了物理，一直都對物理在日常生活的應用感到樂此不疲。各位在閱讀此書的同時，若也能找到其中樂趣，我就感到很欣慰了。相信以此書為契機，以後一定能更加貼近科學。而我也期許自己努力再努力，找到能讓我的學生更加快樂學習的方法。

物理目次

☆ 〈瘋狂實驗〉撰文的老師們

我是梁銀姬
（양은희）！

我是任赫
（임혁）

我是朴榮姬
（박영희）

我是崔元鎬
（최원호）！

物理　梁銀姬老師

畢業於韓國梨花女子大學的科學教育與物理學系，曾經任教於首爾月谷國中與首爾上新國中，擔任科學教師。目前在首爾延曙國中擔任科學教師。在學校致力教導學生思考生活中的科學與前瞻未來，透過實驗來了解科學的原理。著有《和比爾叔叔一起做實驗》(合譯)、科學雜誌《科學少年》的實驗問答單元、《聲音在動》等書。目前為〈新奇科學教師團體〉的研究會員，〈新奇科學教師團體〉是一個為了追求新奇科學、正確科學、全民科學，以科學大眾化與科學教育發展為目的而研究教科教育的教師團體。

生物　任赫老師

畢業於韓國首爾大學的師範學院生物教育科，以及該科研究所畢業，在國中任教18年，擔任科學教師。目前任職於首爾大學的師範學院附屬女子國中。期許能夠教導學生有趣活潑的科學課程，並且努力實現於實際教學。著有《生活中的原理科學—DNA是什麼》、《生活中的原理科學—大腦的重要》、《生活中的原理科學—人體的小宇宙》(Greatbooks出版)，並著有高中生物教科書《生物Ⅰ、Ⅱ》(共同著書)，編著《走向教室的愛因斯坦》(共同編著)、《人體柔和的齒輪》等書。目前為〈新奇科學教師團體〉的研究會員。

地球科學　朴榮姬老師

畢業於韓國首爾大學的地球科學教育學系，在國中任教16年，擔任科學教師。目前任職於首爾大旺國中。一向致力開發科學教育的活化課程，在教育學生時力求所有學生都能有趣且簡單學習科學教育，指導過眾多科學班、科學英才班、發明班、科學社團等活動。目前為〈新奇科學教師團體〉的研究會員。

化學　崔元鎬老師

畢業於韓國首爾大學的師範學院的化學教育科，以及該科研究所碩博士畢業，在高中任教10年，擔任化學教師。目前任職於韓國教育課程評量院，努力使學生學習的科學能再更有趣而且有益。編著《喝甜甜的水》、《混和協調的化合物》、《萬物的圖像—元素》，著有《Who am I?》(共同著書)、《小小烏龜見到的大海》、《熱呼呼的熱移動》以及新世代高中科學教科書《化學》(共同著書)。目前為〈新奇科學教師團體〉的研究會員，特別期望喜愛科學的學生們可以透過科學社團的活動，以熱忱來探求科學的神奇。

☆〈瘋狂實驗〉繪圖的老師們

張惠鉉（장덕현）　鄭喆（정철）　李兌勳（이태훈）　羅演慶（나연경）　姜俊求（강준구）

物理　張惠鉉老師

2005年畢業於韓國青江文化產業學院的漫畫創作科，之後進到青江漫畫工作室開始從事漫畫的工作。2006年參與製作了天才教育優等生漫畫全科、6年級的科學漫畫、3年級的社會漫畫。此外，於各大媒體發表過許多插畫與繪圖。也在青江漫畫歷史博物館的第五屆企劃展〈漫畫加展〉中發表過數位漫畫，並參與『我們漫畫年代』所主辦的漫畫之日企劃展〈漫畫的發現展〉。曾擔任城南Savezone商場的漫畫教室講師，教授國小、國中、高中生學習漫畫。

生物　鄭喆老師

1998年開始在漫畫雜誌〈OZ〉連載漫畫，成為漫畫家。之後在〈朝鮮日報〉、〈Woongjin熊津Uni-i〉、〈Woongjin熊津思考小子〉等報章雜誌連載漫畫。單行本則有〈eden〉（新漫畫書出版）、〈青兒青兒睜開眼〉（青年史出版）、〈哇啊！漢字畫出了風景畫耶！〉（Booki出版），出版了多種漫畫與童話書。而且也參與製作電影〈鬼來了〉的開場動畫。目前在兒童通識漫畫雜誌〈鯨魚說〉連載『工具的歷史』單元，於青江文化產業學院教授『漫畫演出』的課程。在〈生物篇〉擔任製作監督與代表作家，其他工作人員分別是：白得俊負責架構與畫筆作業，黃永燦負責描圖，李富熙負責著色。

地球科學
李兌勳老師

2006年畢業於韓國青江文化產業學院的漫畫創作科，之後進到青江漫畫工作室開始從事漫畫的工作。2006年參與製作了天才教育的教科書漫畫5年級篇，並且參與〈小星星王子的金融旅行〉的描畫與後半部的作業。2007年於CGWave公司開發肖像產品，進行了李舜臣、張保　、王建等韓國偉人的肖像繪圖作業。

羅演慶老師

2006年畢業於韓國青江文化產業學院的漫畫創作科，之後進到青江漫畫工作室開始從事漫畫的工作。在Daum主辦的徵畫大展以〈勞動者的口罩〉獲選為佳作，2005年青江漫畫歷史博物館的第五屆企劃展〈漫畫加展〉中發表過數位漫畫，並參與『我們漫畫年代』所主辦的漫畫之日企劃展〈漫畫的發現展〉。2006年參與製作了天才教育的教科書漫畫〈5年級社會〉篇，三成出版社的寫真編輯漫畫〈朱蒙〉擔任繪圖人員。

化學　姜俊求老師

2004年畢業於韓國青江文化產業學院的漫畫創作科，之後進到青江漫畫工作室開始從事漫畫的工作。發表的作品包括〈青少年的科學漫畫〉（bookshill出版）、〈漫畫十二生肖故事〉（geobugi books預計出版）等書，並參與製作了天才教育的教科書漫畫。此外，曾在韓國經濟電視、Science all、一百度C等各媒體發表插畫。

青江漫畫工作室，是由青江文化產業學院的漫畫創作科的教授與畢業生所組成，漫畫企劃與創作的專業工作室。曾經製作過天才教育的教科書漫畫、三成出版社的寫真漫畫、與geobugi books共同企劃的漫畫雜誌書出刊、bookshill出版社的教科書漫畫、遊戲漫畫等，參與過各種繪圖作業，並且企劃與製作各種作品。（詢問：enterani@ck.ac.kr）

☆ 〈瘋狂實驗〉的小單元

教科書教育課程

標示出該主題所對應的教科書課程，能夠實際輔助學校課業的內容。

瘋狂實驗漫畫

這是假想出來的幽默瘋狂的實驗，可以激發對於該課程的好奇心。

這種假想出來的內容，等於是種觸媒的角色，以觸發兒童或青少年產生好奇心與想像。越是有趣無厘頭，越能觸發想像。所以，且讓我們和孩子們一起隨意想像出實驗吧。

理論

概念整理內心裡的好奇心。

瘋狂漫畫令人引發好奇心之後，心裡頭有了千奇百怪的想法，這時最需要概念整理或透過重要理論來統整，以解答好奇心。科學理論並非死背，而是可令人滿足好奇心的精采內容。

．筆記超人
將理論由繁入簡，羅列整理，有助於理解理論。

．這只是常識而已～
日常生活之中看起來理所當然的小事，存在著許多的科學知識。

教學實驗室

理解理論之後，就可以進行教科書實驗，成為實驗家。
在瘋狂實驗漫畫單元雖然就能大略推想出理論，但是透過教科書漫畫，可以更加快速理解該理論，更具體應用理論。

生活中的知識

不像『科學』的有趣背景知識
科學的兩個重點是實驗和理論，用實驗與理論去理解內容後，再加以補充日常生活中存在的大大小小的科學知識，增加科學本身的趣味性。

‧老師，我有問題！
對於該主題的理論，孩子們常會提出各種千奇百怪的疑點，在此單元可以輕鬆得到解答。

‧大家聽我說
藉由介紹科學家來解釋該主題理論的相關說明。

1. 彈力

彈簧拉一拉
各種的力量─彈力

秘密武器，製作蜘蛛絲足球鞋囉！

上半場1:0，就快要輸了，你們這樣像話嗎？

青江高校足球隊
休息室

到底問題出在哪裡？

對方只不過是第一次進決賽的隊伍啊！

他們是過去五年一次也沒贏過的，弱隊中的弱隊耶！！

不管是經驗、體力、速度！！我們都贏人家！！到底哪裡出了問題？

嗯…教練…

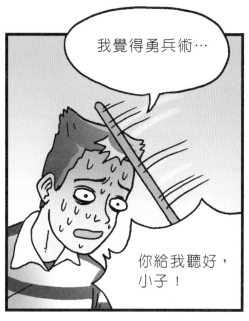

我覺得勇兵術…

你給我聽好，小子！

上半場你們沒給我進球！是今年最差勁的表現！隊長！！你說說看到底是什麼問題？

啊？

嗯…

我其實從很久以前就知道我們隊的問題了。

什麼？

請看看我們穿的足球鞋。

咦？

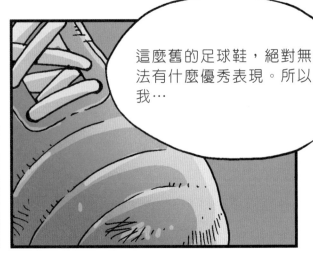

這麼舊的足球鞋，絕對無法有什麼優秀表現。所以我…

為了提升咱們隊伍的戰力，我從很久之前就開始在製作足球鞋了。

你說什麼？

首先，我所製作的足球鞋，是目前市面上沒有的材質，既輕盈且強韌。而且擁有回復到原狀態的優秀超彈力，可以讓我們踢球的時候，不論是方向轉換，還是踢香蕉球，都難不倒我們，性能超讚。

不可能吧…。
好，你說的究竟是什麼材質？

嗯…

是蜘蛛絲。

太誇張啦！！！

我現在要公開了！這雙能夠提高戰力到極限的運動鞋！！！

…你…給我丟掉

到底大家在想什麼呀！！

可是教練…

什麼？

我願意穿看看。

給我清醒點，小子！！！

真是氣死我了！！！

難道行不通嗎？

21

能回復到原狀的力量～

　　將彈簧拉長長的，再放手，那麼彈簧就會回復到原狀。塑膠尺也是一樣，一端固定之後，將另一端往下壓再放手，那麼尺就會回復到原狀。像這樣，物體因為受到外力而變化，如果去除外力就會再回復原狀，稱之為彈力。而具有彈力的彈簧或尺，則是稱為彈性體。

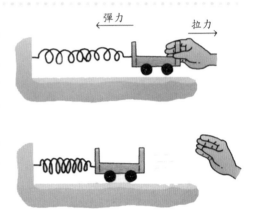

 ## 超過彈性限度就回不來了

　　萬一太用力壓尺，會怎麼樣呢？還有，如果彈簧拉過長，又會如何呢？

　　如果壓太用力，尺會斷掉而無法回復到原狀；如果拉過長，彈簧會失去彈性而無法再收縮還原。當彈性體超過某一限度就失去彈力，即使去除力量也還是會變形，這時候我們稱這個限度為彈性限度。

 ## 什麼東西的彈力很大呢？

　　彈力的大小是如何變化呢？當我們在玩「跳彈簧」時，如果膝蓋較彎，就會更用力一點並且跳得更高，而如果力量小一點就會跳得低。所以在玩「跳彈簧」的時候，用的力量大則彈力大，用的力量小則彈力小。因此，彈力的大小是看彈性體的變形程度，變形越大，彈力就越大。

老師，我有問題！

彈力會用在什麼地方呢？

原子筆裡的彈簧，或者夾子、床、椅子的彈簧、汽車的車體與車軸之間的彈簧、「跳彈簧」、馬鞍、體重計、橡皮筋、彈性褲等等，在我們生活周遭有很多地方都能找得到彈力。而且最近幾年，遊樂設施或殘障設施使用的地板也大多是使用彈性的地板材料。

不只是在我們的生活之中，連在運動競賽裡也會利用彈力。跳水、網球、撐竿跳、射箭等，都是應用彈力的運動。

生活之中的科學

蜘蛛絲的彈力比橡皮筋大

> 我的蜘蛛絲比鋼鐵強韌，是很有彈力的唷！

看到蜘蛛人像蜘蛛一樣，用蜘蛛絲在建築物和建築物之間飛來飛去，還有，在古代希臘時代甚至使用蜘蛛絲來阻止出血，可見得人類從很久以前就有想要應用蜘蛛絲的想法。但是如果想和前面的瘋狂漫畫一樣拿來做運動鞋呢？到底行得通嗎？其實看蜘蛛的大小就知道蜘蛛絲的量會有多麼少了。在2005年，加拿大蒙特婁（Montreal）的一間生物技術公司與美國陸軍研究小組，在沒有蜘蛛的情況下製造出了蜘蛛絲。用細細的蜘蛛絲究竟可以做什麼呢？

蜘蛛絲的強度比鋼鐵強韌五倍之多。用蜘蛛絲製造的絲，比橡皮筋還更有彈力。所以能夠用來製造防彈背心、人工韌帶。而且蜘蛛絲即使在高溫也不太會產生變化，通風卻不會滲水。所以也可以使用於降落傘的繩索、手術用的縫合線。

教學實驗室

製作橡皮筋車

啊，
害羞…

啊…大家好…我的名字是實彥

我是張老師…

呵呵…

讓大家拭目以待，我們接下來要做多麼有趣的實驗吧…。

?

老師，您這是什麼表情…有點嚇人。

少囉嗦！我是要給人深刻的印象嘛！！

來～第一個實驗！！要準備以下的東西！！！

底片盒

鑽子

橡皮筋

螺絲

線

哦…不要…

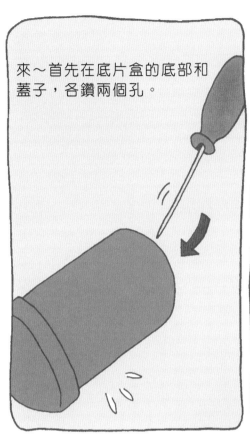

來～首先在底片盒的底部和蓋子，各鑽兩個孔。

是…遵…命…啊…。

喂！你這樣我更害怕啊

你在做什麼啊！！！

哦？？？？

這麼危險的動作應該請大人來做才對！

是…是哦…。

接下來，將橡皮筋剪斷之後，如圖，穿過四個洞之後綁好。

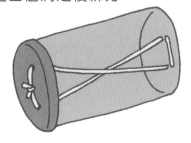

將螺絲綁在橡皮筋交叉處。

Close!!!

呃…快窒息…

是不是比想像中的還要簡單啊？接下來，只要把底片盒放在地上滾…

咚！

…讓它往前一直滾。

咕嚕嚕嚕嚕嚕嚕…

咦？？這有什麼？當然是…。

呃啊啊？

竟然往後滾回來了～！！！怎麼一回事？？！！

咕嚕嚕…

沙！！！

呵呵呵呵

哈哈，小子…這是因為橡皮筋的彈力啊…！

呵呵呵

當底片盒轉動時，重重的螺絲使橡皮筋纏了起來…。

呃啊啊…

力有很多的種類？

　　所謂力，是指可改變物體形狀或運動的狀態。舉例來說，在運動場上靜置的一顆足球，如果用腳踢它，足球就會往踢的方向移動。這是因為施力給靜止的物體，就會改變它的運動狀態。

　　在我們生活周遭，有許多種類的力。而在力的種類之中，除了前面所提到的彈力，還有摩擦力、磁力、電力、重力。

 ### 摩擦力

　　摩擦力是物體與接觸面之間，妨礙物體運動的一種力量。摩擦力的大小，會因為接觸面越粗糙，或者物體往接觸面垂直下壓的力量越大，則摩擦力越大。

磁力

　　磁力是磁鐵和磁鐵，或者磁鐵和鐵之間相互作用的力量。同極之間會有相斥的力量（斥力），而不同極則會有互相吸引的力量（引力）。

 ### 電力

　　電力則是帶電的物體之間相互作用的力量。同種類的電之間會有相斥的力量（斥力），而不同極則會有互相吸引的力量（引力）。

重力

　　重力是地球吸引物體的力量。重力的大小和物體的質量成正比，力的方向是往地球的核心。

老師，我有問題！

磁力和電力有何差別呢？

電力和磁力都有引力和斥力，而且都是在分離的狀態下力量互相作用。可是磁力只要有磁鐵就能繼續作用，電力則是產生之後會流失。例如，氣球表面的靜電會使小紙張附著在氣球，但是時間一久，靜電會消失，然後紙張就會掉落下來了。

虎克（Robert Hooke, 1635-1703）

「越用力拉，就越長。」

英國科學家虎克在1678年發表了與彈力有關的「虎克定律」。所謂虎克定律是指彈簧或其他有彈性的物體以平行線方向回復原狀的力量，會和平行線上彈簧移動的長度成正比。

透過這個定律的發現，可以輕易就利用發條（彈性體被纏繞之後慢慢被放鬆的裝置，玩具車的輪胎靠在地板上往後拉之後放手，會往前跑的原理也是利用發條的彈力）來調節手錶。另外，虎克也是第一位用顯微鏡觀察軟木而命名「細胞（Cell）」的科學家。

2. 摩擦力

千盼萬盼，大雪過後的清晨

嗯…終於有大好機會可以來試試這塑膠臉盆的性能囉。

我乃是喜愛在雪原奔馳的速度狂，綽號夢幻滑板！以前滑過各種材質，木雪橇、米袋等等都有過…

預備

但是沒有一種讓我這夢幻滑板先生感到滿意。

什麼是摩擦力？

　　所謂摩擦力，是指兩個物體的接觸面上妨礙物體運動的力量。即使是看起來光滑的表面，實際放大來看，也是表面粗糙的。再更放大看，表面上有原子，且互相接觸的原子之間會有力量互相作用，產生摩擦力。如果在玻璃上面滾一顆球，雖然看似沒有摩擦力的一直滾，可是最後也是會停下來。

 ## 要如何知道摩擦力的大小呢？

　　想要拉動物體，必須要用比摩擦力更大的力。也就是說，測量拉物體時所需的力量大小，就可以知道摩擦力。拉物體時，水泥地板會比大理石地板更花力氣，這是因為摩擦力的關係。如果重量增大，摩擦力也會變大。可是平放的木板如果立起來，摩擦力的大小並不會改變。

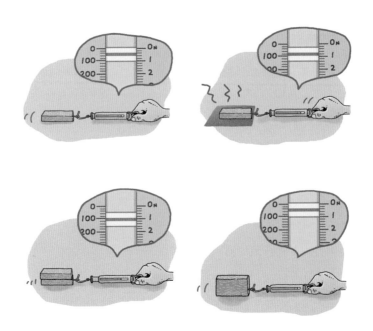

摩擦力的大小和接觸面的面積沒有關係嗎？

在我們單純的想法中，可能會覺得摩擦力的大小應該會隨著接觸面的面積變大而摩擦力變大。但是如果思考摩擦力的原理，就可以知道事實並非如此。

也就是說，摩擦力的大小是和物體垂直壓在接觸面的力量大小成正比，但是和接觸面的面積沒有關係。

例如，一個長2cm，寬2cm，高1cm的長方體，如果將這長方體較大的一面接觸地板，此時垂直於接觸面的力是4N；若是將較小的一面接觸地板，垂直於接觸面的力也是4N。

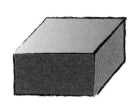

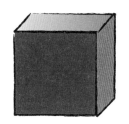

摩擦力與生活

・希望摩擦力較大的情況：綁繩子的時候，人走路的時候，車子煞車的時候。

・希望摩擦力較小的情況：溜冰的時候，開關門窗的時候，拉地上的物體時。

・讓摩擦力變大：灑粗沙或炭渣在雪地上，汽車輪子纏鐵鍊。

・讓摩擦力變小：在窗戶與窗框之間安裝輪子，在機械迴轉的部位擦潤滑油。

筆記超人

教學實驗室 探討摩擦力的特性

來～這次讓我們來做有關摩擦力的有趣實驗！

呵呵呵…

張老師～

我們都準備好了～！！呼，好累～

很好！！！

來比誰最快夾桌球比賽

耶！！

一堆桌球（或珠子）

竹筷

鐵筷

盤子

碼錶

哈哈哈 要比賽唷～

比賽的進行方式是～

四個人站成一排,用一分鐘比賽。

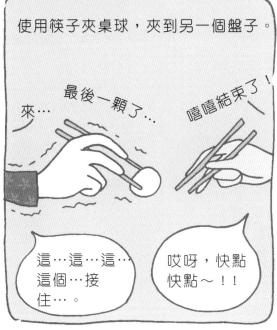

使用筷子夾桌球,夾到另一個盤子。

來…

最後一顆了…

嘻嘻結束了!

這…這…這…這個…接住…。

哎呀,快點快點～!!

呃啊啊!!!

喂,這傢伙!!

一分鐘之內夾最多桌球的那一隊,是冠軍!

哇啊!好耶!!

在實際生活之中，有哪些東西會應用到摩擦力呢？

摩擦力是我們生活之中一定會常用的一種
力。在冬天最好玩的運動就是溜冰、滑
雪、玩雪橇。滑雪是利用和雪的摩擦力
前進的，連停止也是使用摩擦力。
我們煮拉麵時，需要使用瓦斯爐點火
來燒開水。在瓦斯爐點火時，以摩
擦方式產生小小的火花。要不是
有摩擦力，可能就無法使用瓦
斯爐火了。

在比賽棒球
或田徑運
動等，為了避
免出發時滑倒，鞋子會有鞋釘。還有，打網球或
籃球時穿的鞋子鞋底整個底面積較大，在棒球或
單槓比賽會在手上擦白粉，都是為了防滑。而且
棒球比賽時投手丟出曲球，也是利用球和手指之
間的摩擦而將球旋轉出去的。

阿蒙頓（Guillaume Amotons, 1663-1705）

阿蒙頓是法國的物理學家，研發出了濕度計與溫度計。

他提出「阿蒙頓定律」，主張物體與其他物體接觸時會因接觸表面的不同而有不同的最大靜摩擦力，而這摩擦力是可以適用於廣範圍的。阿蒙頓主張最大靜摩擦力與動摩擦力，是與接觸面垂直的抗力（垂直抗力）的大小成正比的，而且和接觸面的面積大小無關。

還有，動摩擦力和滑動速度的大小無關，動摩擦力會比最大靜摩擦力小。

阿蒙頓在1699年發現了上述的定律，在1781年，由庫倫（Charles Augustin de Coulomb）實驗證明了這個定律。

韓國史中的科學

利用工具來減少摩擦力的先人智慧

摩擦力和重量成正比，並且與表面的性質有關。因此，如果將接觸面換成滾輪或車輪，則可以大大減低摩擦力。

1792年建造水原城的時候，是如何將重重的大石頭搬到山頂的呢？

當時計畫建造水原城的丁若鏞（정약용）為了有效搬運建城所需的物品，設計並製造了大車（대차）、平車（평차）、童車（동차）、駒板（구판）等搬運工具。

丁若鏞利用有滾輪或車輪的工具，減低摩擦力，才得以在較短的時間內完成水原城的建造。

設計活捉蚊子的磁鐵裝置

嘿嘿嘿嘿！！！

成功了！！！

我終於開發成功了～
有志者，事竟成！！！

就在此時此刻，我完成了
人類的一項偉大發明！
啊哈哈～

天啊！博士，
您終於…！

您這數年來秘密進行的研究終於完成了～！！

是啊～！！這段時間金小姐妳也辛苦了～！！

可是博士，這究竟是什麼樣的研究呢？

是啊！！如今該是讓妳知道的時候了！這東西叫做「蚊子啊，再見啦」

「蚊子啊，再見啦」？？？

是…妳會這麼驚訝，我不怪妳…。

難道是殺蚊劑…？

那…嗯…

我現在解釋一下「蚊子啊，再見啦」。

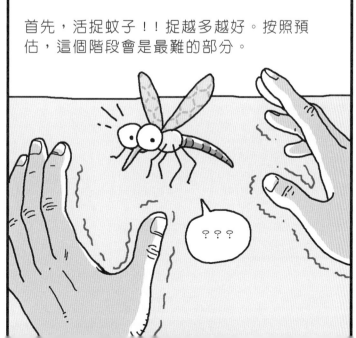

首先，活捉蚊子！！捉越多越好。按照預估，這個階段會是最難的部分。

？？？

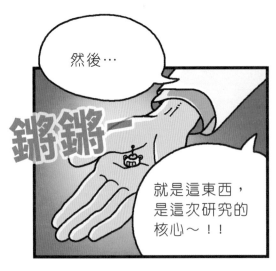

然後…

鏘鏘—

就是這東西，是這次研究的核心～！！

它是DH-3054！！使用了鎳和鈷做出來的鋼鐵合金…。

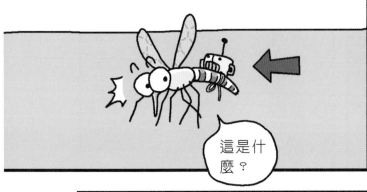

把DH-3054移植到我們活捉來的蚊子。

這是什麼？

然後把這些蚊子放生，讓牠們和一般蚊子在一起。

哇！得救了！

博士…可是DH-3054的作用是什麼呢？我還是不太了解…

妳問得好。事實上，DH-3054還不夠完美。

就是，就是，就是…

耶～！！！

這次專案如果要好好發揮它的功能，需要用這個東西…

YK-3000！

什麼是磁力？

　　所謂磁力，是磁鐵和磁鐵，或者磁鐵和鐵之間相互作用的力量。但是鐵並沒有磁力，為什麼會和磁鐵吸附在一起呢？這是因為鐵如果接近磁鐵，鐵就會被磁化並且具有產生磁力的性質。由於這種特性，磁鐵和鐵會互相吸附在一起。

 ## 磁力也有很多種類嗎？

　　當我遇到喜歡的人會想要和他在一起，遇到不喜歡的人會不想要在一起，同樣地，磁力也有類似的性質。磁力之中，會想要在一起的力稱為「引力」，不想在一起的力稱為「斥力」。也就是說，引力是互相吸附的力，在不同種類的極之間作用。而斥力是互相排斥的力，在同種類的極之間作用。

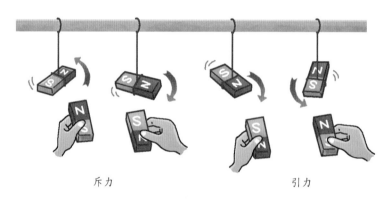

斥力　　　　　　　　　　　引力

 ## 磁力的性質

　　磁力作用時，越接近磁鐵的距離或越往磁鐵的兩端，作用的力就越大。即使磁鐵被切斷也會維持磁鐵的性質，就算再切斷也是一樣，被切成的新磁鐵不會只有單單一個N極或S極。磁鐵再怎麼切，都會出現磁性。

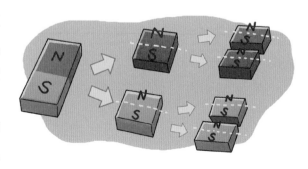

應用磁鐵力量的磁浮列車

　　磁浮列車是利用磁鐵的力量，讓列車浮起來而向前行駛。由於磁浮列車沒有輪子，而是懸浮著行駛的，所以噪音和振動非常小。而且，相較於其他列車，磁浮列車行駛所需的能源較少，可以減低對環境的破壞。

　　利用軌道上的磁鐵和列車底部的磁鐵相互之間的引力或排斥力，磁浮列車可以飄浮起來。磁鐵有N極和S極，同極之間會相斥，不同極之間會相吸。利用同極相斥的力量讓列車浮起來的稱為排斥式，利用不同極相吸的力量讓列車浮起來的稱為吸引式。

　　目前已商業化的磁浮列車是中國的上海磁浮列車，於2002年完工啟用，總長30公里，行駛於上海市區與浦東機場之間，最高時速約430公里。

 ## 這只是常識而已～

地球也是磁鐵？

地球具有磁力。如果我們拿指北針，就可以知道N極指著地球的北方。

教學實驗室　波動的鋁箔

老師～我們要不要去戶外玩呢？假日大家都到海邊或山上玩了…。

嗯…。

雖然不是海，但可以乘風破浪…。

乘風破浪嗎？

是的！！這一次是玩乘風破浪！！

膠帶

乾電池

鋁箔紙

導電線

小量杯

U形馬蹄磁鐵

哇啊！！乘風破浪！！

來，我們開始吧！啦啦啦～

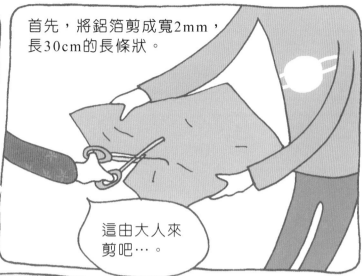

首先，將鋁箔剪成寬2mm，長30cm的長條狀。

這由大人來剪吧…。

注意！一定要剪長長的！

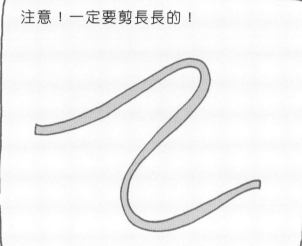

接下來，小量杯倒著放，在杯底貼上鋁箔。

要連接電線的部分

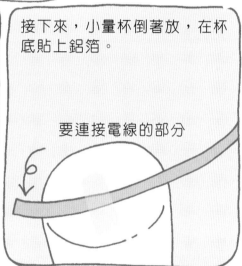

將U形馬蹄磁鐵放在鋁箔上方。

所以，鋁箔是穿過U形馬蹄磁鐵的。

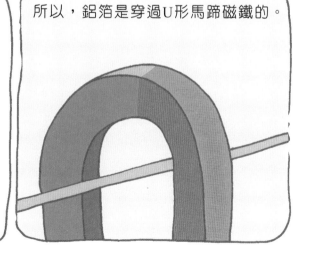

使用導電線，將鋁箔的兩端與乾電池做連接。

在這裡要再注意一次哦！

磁鐵的N極和S極的位置如果換過來，磁場的方向會被改變，所以鋁箔的受力方向也會改變。

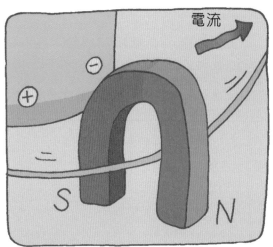

電流

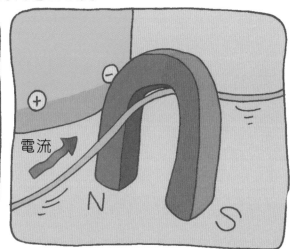

電流

如果再放一個U形馬蹄磁鐵…

咻

可以看到鋁箔波動的樣子！

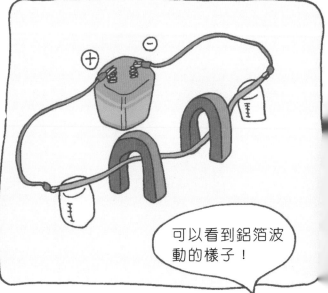

指北針為什麼一直指著北方呢？

如果拿磁鐵靠近指北針，針就會移動。指北針就是個小小的磁鐵，而地球也是磁鐵。液體狀態的地球外核會流動並產生大磁場，環繞地球的大磁場稱之為范艾倫輻射帶（the Van Allen radiation belts）。當太陽的活動很活躍，會噴出帶電粒子（質子與電子），到達地球的話，會對生物造成威脅。可是包圍地球的磁場會阻止太陽來的帶電粒子直接進到地球，而讓這些帶電粒子徘徊在地球外圍。若有帶電粒子進到大氣層並且和空氣相碰撞而產生美麗的光輝，便稱為極光（Aurora）。

地球的磁北極目前是在距離北極1,800公里的加拿大北部的哈得遜灣（Hudson Bay）附近

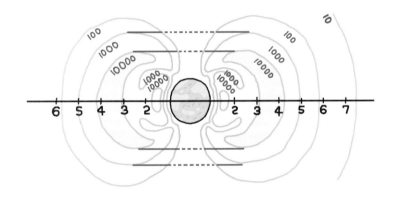

 ## 試著製作磁鐵

將鐵放在火上加熱後，冷卻的同時，如果旁邊放著強大的磁鐵，被火燒熱的鐵冷卻後就會變成磁鐵（注意，將磁鐵加熱，磁性就會消失）。或者，將鐵放在火上加熱後，纏繞線圈，將線圈通上電流，也會變成磁鐵。用線圈通電製作磁鐵的時候，依照不同的電流強度，磁鐵的磁性強度也會不同。

另外還有一種方法，是先確認地球的北方和南方方向之後，並確認該地點的緯度。然後將鐵塊照緯度的角度來斜插，而且是往地表的南北方向插著，敲打這鐵塊，就能變成磁鐵。這是利用地球磁場來製作磁鐵的方法。

變得有磁性的針如何回復原狀呢？

如果將一根變得有磁性的針加熱到達居里溫度（Curie temperature），就能讓磁性降低到零。或向著這根針外部原有磁場的相反方向，施加保磁力，也可以讓磁性降低到零。

此外，撞擊的方法也可以使針消除磁場，但是無法完全讓磁性降低到零。

 ## 這只是常識而已～

居里溫度

居里溫度是指強磁性體轉為常磁性體的溫度。常磁性體如果被加熱到一定溫度以上，磁性就會消失。這時候，讓磁性完全消失的這個臨界溫度就是居里溫度。

一般而言，磁鐵石的居里溫度是575℃，赤鐵石是765℃，純鐵是770℃，鎳是358℃的溫度。

 ## 威廉‧吉爾伯特
（William Gilbert, 1544-1603）

威廉‧吉爾伯特是英國的著名物理學家，也是一名醫生。他29歲時在倫敦開了診所，1599年成為皇家醫學院的校長，1600年受邀為英國女王伊莉莎白一世的私人御醫。他會如此有名是因為他不但是醫生也是位物理學家，他畢生不斷致力於物理研究。威廉‧吉爾伯特研究磁石，並且以實驗證明了地球是一個巨大的磁石。

還有，他也發現了摩擦生電的現象。他是第一個發現磁與電不同的人，並且命名了Electricity（電）這個新單字。他的研究結果發表於著作《論磁性》（1600年），可說是近代科學的先驅者。

用靜電旋轉的電風扇？

哦哦哦！！！

啊哈哈哈哈！！！我成功了！！！成功了！！！

哦哈哈哈哈哈！！！

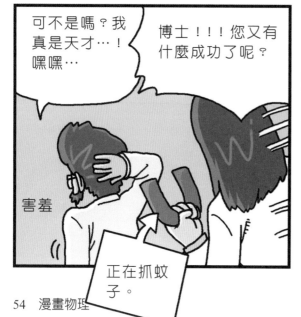

可不是嗎？我真是天才…！嘿嘿…

博士！！！您又有什麼成功了呢？

害羞

正在抓蚊子。

妳也知道的…創造對環境無害的發明，我是世界第一啊…。過去我們人類從大自然得到太多東西了。

咦？

我們這一刻經歷了就連NASA也辦不到的事。難道妳沒感覺到嗎？？

？？

這一刻我們和宇宙更加靠近了，妳知道嗎？宇宙就在我們眼前了。

咦？是…。

妳也是辛苦了。真的做的很好…。

？

啊…是嗎…？

呼～

好久沒這樣運動了…要不要吹吹風？

啊？好的，我這就去準備外出…

那就搓啊！！

啊！！

是！！！

要比剛剛快三倍！！才會吹到更強的風啊！

啪啪啪啪啪啪啪！！

……！！！

NASA，不對，應該是說誰也不會辦到的啊…。

會彼此吸引的摩擦電

摩擦電是指將兩種不同種類的物體摩擦時，各物體所產生的電。摩擦電之所以會產生，是因為在摩擦過程移動了電子。例如，用梳子梳頭時頭髮被吸到梳子上，或者冬天脫衣服時聽到啪啦啪啦的聲音，就是有摩擦電。

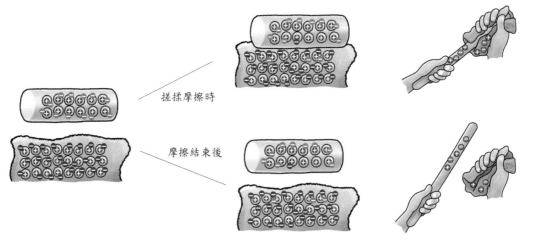

搓揉摩擦時

摩擦結束後

所有物質是以原子構成。原子是由帶正(+)電荷的原子核與帶負(-)電荷的電子所構成。在原子內的正電荷的數量和負電荷的數量一樣。

 ## 你和我之間也有通電嗎？

在我們周圍的物質，有導通電流的物質和不導通電流的物質。其中，很容易導通電流的物體稱為導體，像是迴紋針、鐵釘、銀等，都是導體。導體的原子的外層電子能自由往來（自由電子）於各原子間，很容易流通電流。至於不容易導通電流的物體稱為絕緣體，像是橡皮擦、紙杯等，就是絕緣體。而絕緣體的原子的外層電子無法往來於原子間。

那麼，人是導體？還是絕緣體呢？我們的身體也是導體。所以說，才會有人發生觸電事故。

老師，我有問題！

如果發生觸電？

靜電電容（condenser）的電壓雖然很高，但實際儲存在電容的電荷量並不多，所以不會發生觸電事故。電流大約只是1~5mA左右。

電流的大小（mA）	人體產生的現象
1	感覺有些麻、刺。
5	感覺很痛。
10	感覺無法忍受的劇痛。
20	肌肉收縮並且無法移動身體。
50	肌肉痙攣並且呼吸困難。
100	造成致命的障礙或死亡。

這只是常識而已～

日常生活之中所使用的電池

手錶、計算機、手機、刮鬍刀、助聽器、人工心臟、MP3、筆記型電腦、攝影機，這些物品的共同點就是我們可以一邊移動一邊使用。為了能隨身攜帶，需要使用電池。

電池有兩種：一次使用的一次性電池、可重複使用的二次性電池。一次性電池最常用的是鹼性電池，電解液是鹼性的，使鋅離子的傳導度達到最大，並增加電池的壽命。

近年來，被使用在手機的二次性電池是鋰離子電池，以鋰為電極，沒有記憶效應，鋰不會因受熱而損壞，能源效率90%以上。

教學實驗室　製作靜電電容

首先把鋁箔攤開並放上紙杯，再將紙杯滾一圈，畫出要剪的扇形，再剪出可以包住紙杯的大小。

然後把紙杯包上鋁箔，杯底也要包，此時上方留1cm不包。

杯底也要包鋁箔

另一個杯子則是除了杯底外，杯子側面全部都要包鋁箔。

將鋁箔剪出2cm×5cm的大小。

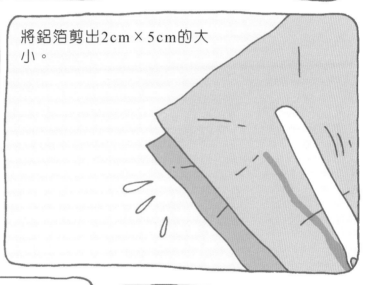

杯子側面全包鋁箔的杯子在下面，杯底包鋁箔的杯子疊在上面。把剛剛剪的鋁箔塞在兩個杯子之間。

合體！！

這過程必須注意的是，剪鋁箔或塞鋁箔時，不要因為皺褶就用手攤平鋁箔。

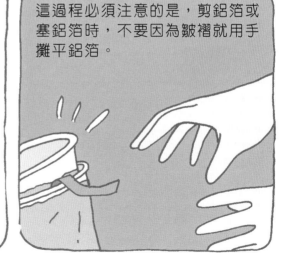

接下來，要看它的威力囉！一定要做這三步驟，才能看到威力。

1.5~6個人站著圍成一圈。

2.周圍要暗暗的。

3.做好的靜電電容的兩端同時用手抓一下。（手碰觸到電容，可以放電。）

首先，用布摩擦PVC圓棍，再將圓棍碰觸電容，就會聚集電荷了。

來～～利用電容來點亮日光燈吧！

我和老師應該最後才碰觸電容吧？

啊…好緊張。

大家都準備好了嗎？

到底為什麼會有閃電呢?

　　雲在天空飄浮著,此時構成雲的粒子(水珠和冰晶)之間會發生摩擦碰撞,使雲帶正電荷與負電荷。像這樣,積雨雲一多,電荷也會累積。帶有電荷的雲被靜電誘導之後,就會帶著地面的其他種類的電荷。

　　兩種不同種類的電荷累積越來越多,透過雲和雲之間、雲和地面之間的濕空氣,會造成很多電流瞬間流動。這種現象稱為放電,放電發生時所出現的閃光就稱為閃電。

　　閃電比我們家中使用的電要強大好幾萬倍,甚至十萬倍(10億伏特)。閃電的電量,每一次是電壓10億V(伏特),電流達數萬A(安培)。所以換算起來,5,000A的雷電等於是100W的電燈7,000個能夠同時點亮八小時的能源。

 ## 這只是常識而已～

運氣好沒被電死的富蘭克林,發明了避雷針。

富蘭克林利用風箏放到天上,證明了閃電就是電。

富蘭克林在暴風雨的時候,風箏的頂端綁了一根尖細的金屬絲,而風箏的繩子下方末端則是用絕緣的綢帶,他在綢帶與風箏交接處掛上一個鑰匙,然後讓風箏飛得高高的。

閃電一打到風箏,他去摸一下鑰匙,知道有通電。但是也有人做了同樣的實驗,卻不幸死亡了。

觸電時真的會看到骨頭嗎？

被電到時會感覺像是很粗的銅線貫穿身體並且一直振動的感覺，當然，也會感到很痛苦。而且身體無法自行移動，因為恐懼而無法做任何思考，雖然很想掙扎求救，卻無法隨自己的意志去做到。我們有時看漫畫，有觸電看到骨頭的畫面，或許那只是想表達觸電時身體無法移動，連骨頭也接觸到的交流振動。有些動畫是先看到骨頭，再來就看不到骨頭的的表現方式，這應該是想表達令人顫慄到無法思考的恐怖吧。

實際上，如果觸電了，會像傳熱的器具一樣發熱，大約五分鐘後，像烤乾的魷魚一樣變乾，之後就會燃燒起來。

筆記超人

讓我們來預防觸電事故

· 請勿用濕濕的手去摸電器用品。

· 將插頭插到插座時，必須完全插好。

· 插頭拔出插座時，請勿直接拉電線，必須握住插頭再拔出插座。

· 不要使用多插孔式的將一個插座連結很多個電器用品。

· 電器用品必須接地。

· 有幼童的家中，插座安全蓋必須經常保持蓋上的狀態。

· 梅雨季裡，進到浸水區域時應該穿著安全的橡膠長靴。

5. 重力

各種的力——重力

快給我除掉重力！

我絕對不認同重力！！！

我這身尊榮眼觀世界，世界因我而存在。

是，陛下…。

我乃是這地球上的國王啊！！！

沒有任何一個量可以統治我

是…但是陛下…重力支配著這地球萬物啊…。

你閉嘴！！

我才是世界萬物的主人！！！

你馬上去找出可以對抗重力的方法！

……

要是明天太陽升起之前還找不到方法，我就要收拾你還有其他所有學者們的性命！！！

是…陛下…。

馬上去給我研究！馬上！！

是…陛下…。

…唉呀…

這事該怎麼辦才好呢…。

流淚

唉…真是糟糕了…

陛下也真是太為難我們了吧…唉呀…。天啊，要找出贏重力的方法…。

他以為他是神呢…唉唷…

重力是地球的質量在拉引物體的力量啊。

不可能可以阻絕重力或改變重力的。

但是不管怎麼樣，還是要想個辦法。依陛下的個性來看…。

這是不可能有解答的問題啊…！

除非在我們頭上放一個和地球相同的質量，否則是不可能除去重力的…。

嗯…

除去重力…

無重力…

無重力狀態…嗯…

嗯…?!?!

怎…怎麼了？想到方法了嗎？

請大家聽我說！！有方法了～！！

哦哦～什麼方法呢？

殿～～～下～～～
請說出您的感觸
吧～！！

從現在起，將除去重力～
陛下您已是「無重力」的人了。
哈哈哈！！

咦？？

好了～放開繩
索～！

…等等…
有些奇怪…？

是心理作用嗎…？

地球真的在拉引著我嗎？

　　當我們做高空彈跳時，會一直往下掉落；當噴水池的水往上噴時，會再往下掉落。還有，如果將手上拿著的蘋果放手，會往下掉到地面。為什麼會這樣呢？為何所有東西只要放手都不是往上而是往下掉到地面呢？這就是因為地球和物體之間有一股吸引力在作用著。這股力量稱為地球的重力。

　　重力的作用方向是朝著地球中心方向（鉛直方向），因此地球另一邊的物體也是掉往地面。

老師，我有問題！

如果沒有重力，會如何呢？

如果沒有重力，所有物體之間作用的力都會消失。因此，地球不會吸引住空氣，就會沒有空氣了。不僅如此，地球在自轉時會把地球上的所有東西—人、動物、物品等，全都會往地球外丟出去。而且，不會再不小心摔破盤子了，所有液體也都會飄浮著。

所謂無重力狀態，就像感覺到自己的重量變得消失不見的狀態。我們在日常生活之中可以體驗到無重力狀態。例如，玩海盜船時盪到最高點之後往下掉的那一瞬間，身體有飄浮一下的感覺，那就是無重力狀態了。還有，如果將裝水的保特瓶鑽一個孔，因為重力的關係，會從這個孔滴水下來。但是，假設手放開這個已鑽孔的保特瓶，在掉往地面的這段時間，可觀察到水不會滴下來，這時也是處於無重力狀態。

在月球，我會變輕嗎？

　　所謂質量，是指包含在該物體的物質的量。因此，質量和重力無關，無論在哪裡都是一樣的量。可是重量是作用到物體的重力大小，如果重力改變，該物體的重量也會改變。在月球，重力是地球的1/6，因此身體重量60kg的人到月球去量體重，會是10kg重。

　　重量是會因場所而改變，但是，質量並不會因場所而改變。

質量與重量的差異

項目	質量	重量
定義	物體固有的量	作用到物體的重力大小
單位	g, kg	kg重，N
測量工具	天平、雙盤秤	彈簧秤、體重計
不同測量場所的不同變化	不會改變且是固定的	不同測量場所會有不同變化
關係	質量越大，重量會越大。 在地球，質量1kg 物體的重量是9.8N	

教學實驗室　測量重力

我們今天來製作測量重力的裝置吧。

測量重力的工具嗎？

老師您說的不是秤嗎？

為何好像很複雜

讓我們來看要準備什麼

啦啦啦～先看看要準備什麼～啦啦～

大鐵罐

小鐵罐

紙

鉛筆

彈簧

或海綿

1kg的物體

500

鹽

老師，是不是秤呢？

有點重耶…

將1kg的物體放上去，標示刻度（10N）

嘿…輕一點了…

然後將500g的物體放上去，也要標示刻度（5N）

如此標出來的兩個刻度之間，分五等分標示。

你和我之間也有互相拉引的力量？

重力是地球和地球上的物體之間才有的作用力嗎？牛頓認為行星和太陽之間也有相同的作用力，因為具有質量的所有物體之間都有互相吸引的力量在作用著。這種力量稱之為萬有引力。

萬有引力也作用於自己和朋友之間。只不過，我們人與人之間作用的力量太小，所以無法感受到。

老師，我有問題！

要到哪一個行星，我才會變最輕呢？

我們一般所說的重量，在不同的測量場所會有不同的重量。所以如果我的重量是50kg的話，要到哪一個行星才會變最輕呢？

行星	質量	重量
地球	50kg	50kg重
水星	50kg	19kg重
金星	50kg	46kg重
火星	50kg	19kg重
木星	50kg	117kg重
土星	50kg	47kg重
天王星	50kg	43kg重
冥王星	50kg	57kg重

牛頓（Isaac Newton, 1642-1727）

　　可能很多人都不知道，牛頓年輕時受他母親的影響差點成了農夫。萬一牛頓真的選擇務農，而沒有唸大學，可能他就不會發明萬有引力定律以及微積分了。1661年，他考上了英國劍橋大學三一學院，四年後因為瘟疫而大學停學，牛頓回故鄉林肯郡（Lincolnshire），他在故鄉研究了數學、光學、天文學、力學等。看到從樹上掉下來的蘋果，發現了萬有引力定律，這傳說般的故事也是這時期發生的。

　　透過這理論，牛頓得以用數學來完整解釋克普勒（Johannes Kepler）所認為的行星軌道為橢圓的這個定律。

 韓國史中的科學

秋天時，農夫會將收割下來的稻子用打稻穀機收集穀粒，
然後將穀子乾燥之後，再用碾米機碾出米粒。在古時候，並
不像現代這樣機械發達，所以會用各種碾米機來碾米。其中，
水車碓是利用水往下流的力量來碾米的工具，水車葉片上的水
掉落的力量會轉動水車，這時車軸上面大大的木頭，也就是撥
桿，會去敲碓桿末端，整個碓桿就會上下一直跳動了，並且讓碓桿前端的木
杵去敲到臼裡的穀粒。在韓國大約1500年前發明水車碓。不僅如此，
甚至還將技術傳到了日本。踏碓則是兩個人用腳踏，讓碓桿上下跳
動，使木杵去敲臼裡的穀粒。
這種水碓的製作技術與使用方法結合多種技術與科學，
可說是種傳統科學。

來人啊！把太陽系拿來做吊掛玩具

記者目前是在京畿道的水原市，由於連日豪雨已造成災情。

雖然不是梅雨季，但是受到鋒面影響，各地紛紛積水成災。

這幾天的大雨還夾帶雷電，至今仍無好轉的跡象，豪雨特報持續…

……

哎呀，該怎麼辦才好？

我的小公主哭鬧著要我拿行星來做吊掛玩具…唉…。

因為我這小女兒的眼淚，鬧到全國水災～

嗚哇嗚哇～我要行星吊掛玩具嘛～！！！

哎唷…。

我真拿她沒辦法了。只好真的拿行星來做吊掛玩具…。

嗚哇

嗚哇嗚哇～快點快點！！！

來人啊，快把太陽系拿來做吊掛玩具！

是！！

不久後

行星待命中～陛下～

鏘～！！！

嗯，很好～

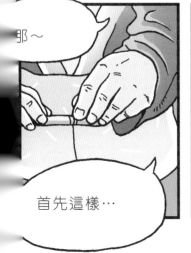

那～

首先這樣…

把重心的地方擺木星…

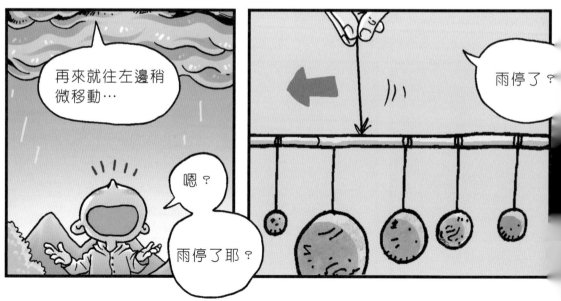

好！完成了～這下子都平衡了，啊哈哈

哈哈哈，我的小公主，快看看爹為妳做了什麼～

嗯？？

哈哈哈～剛剛公主哭累了就睡著了，太好了～

搞什麼！！！

你怎麼不早說啊！！！

重量也有重心？

　　所謂重量重心（物體重心），是指物體各部分所受重力的合力的作用點。重心主要存在於物體內部。可是像高空走鋼索拿著竿子的表演者，重心就有可能是在物體的外部。

 ## 重量重心與平衡的關係

　　既然知道重量重心了，我們可以簡單分析並預測物體的運動。而且，可以知道物體是否會倒下來（是否保持平衡）。

　　疊在書桌上的這些書會不會掉下去呢？

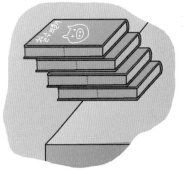

這些書的重量重心如果落在書桌上，就不會掉下去，但如果不是落在書桌上，則會掉下去。目前這個狀況並不會掉下去。

 請注意聽！ **何謂平衡？**

通過物體重心往重力方向的垂直線，如果落在底部（例如放置書本的書桌）的範圍內，就不會掉下去。但如果落在底部的範圍外，則物體會掉下去。雖然有人說改變物體位置時，如果讓物體重心變高，搖擺的角度較大則我們「容易去平衡」該物體；相反地，如果讓物體重心變低，搖擺的角度較小則我們「不容易去平衡」該物體。但是一般來說，整體的重心越低，物體就更穩定、更容易平衡。

找出棒球球棒的重心～

物體各部分所受重力的合力的作用點是在重心。

如果把棒球投向空中，棒球會以拋物線的圓滑曲線飛出去。但如果是棒球球棒就不是如此，而是整支球棒搖擺著飛出去。棒球球棒在外表看起來像是不規則動作著，但仔細觀察會發現到，其實是以一個點為中心在搖擺著。如果將這點連接起來，會如下圖，呈現拋物線的曲線。球棒的運動有結合了兩種的運動，也就是結合了以一點為中心的迴轉運動，以及球棒的重心如棒球般拋物線行進的運動。

球與球棒的質量重心是依拋物線行進。

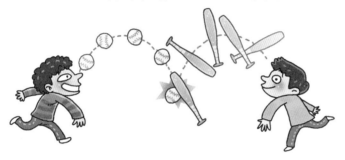

老師，我有問題！

日常生活之中，有哪些是利用重心原理的東西呢？

物體重心在一般生活之中常被廣泛使用。首先，小孩子們的玩具，像是不倒翁就是利用重心原理。不倒翁的重心在下方，所以即使被推倒也還會再站起來。

飛機也是，在適當的支點裝上貨物和乘客，讓機體平衡是很重要的。所以在航空公司，都會在旅客與貨物辦理登記手續之後，考慮乘客、貨物、飛機等的重量去求出重心。

哈哈哈哈～這次實驗是找出平衡點的實驗唷！！！！

呃啊啊～

首先，利用線和尺，來找出尺的重心～！

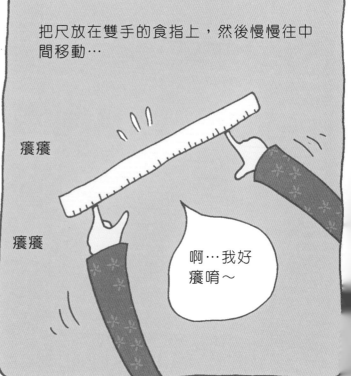

把尺放在雙手的食指上，然後慢慢往中間移動…

癢癢

癢癢

啊…我好癢唷～

當手指碰在一起還能讓尺保持平衡的支點，就是尺的重心了！

是這裡！！！

在這裡綁上線，吊起來，不會往任何一邊傾斜，就是達到平衡了！！

然後，接著進行下一個實驗囉！

沙沙—

再來是找出蹺蹺板的重心！

兔子先生和豬先生在玩蹺蹺板，嗯，豬先生好像有些過重耶…。

喂！

嗝？

…嗯。

兔子先生往前移了一些。

我往前移看看唷！

嗝…

再來，兔子先生試著往後，而豬先生往前移動。

嗝嗝…

我往前移動比較好吧。

85

哦哦，這樣才對嘛。你該往前坐。

嘿嘿…這樣的方法才對。

兔子先生和豬先生以後就會玩得很開心囉～

嗝嗝…

所以重量較重的往前移就對了。

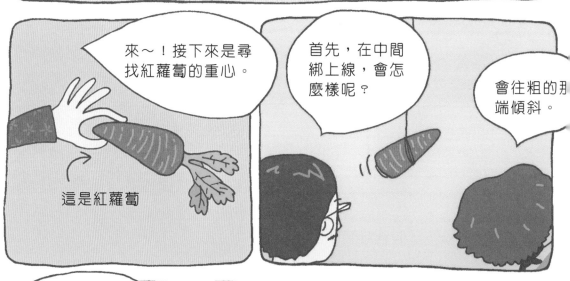

來～！接下來是尋找紅蘿蔔的重心。

這是紅蘿蔔

首先，在中間綁上線，會怎麼樣呢？

會往粗的那端傾斜。

再來，把線往粗的那端移動，就會保持平衡了嗎？

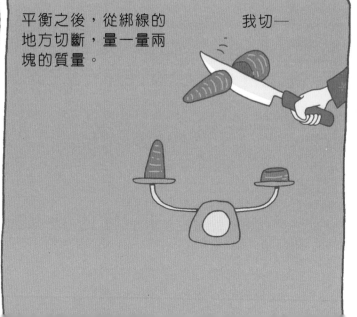

平衡之後，從綁線的地方切斷，量一量兩塊的質量。

我切一

哦哦

咦？！兩塊的質量不相同耶？

呵呵呵……

粗且短的紅蘿蔔塊比較重唷～

粗且短的紅蘿蔔塊，重心的距離較短，質量比長的紅蘿蔔塊更重！

呃…你這是在做什麼呀…？？

我想找出老師您的重心呀～等一下哦一

兔子先生和豬先生可以一起玩蹺蹺板的科學原理是什麼呢？

真是太好了，兔子先生和豬先生可以一起玩蹺蹺板了。到底彼此要距離多少才可以呢？中間支撐蹺蹺板的支點到兔子先生的距離乘以兔子先生的重量得到的值，與支點到豬先生的距離乘以豬先生的重量得到的值，如果相同，則達到平衡。

兔子先生的重量×距支點的距離＝

豬先生的重量×距支點的距離

老師，我有問題！

試著做看看，提腳跟！

站在地面上提腳跟，再試著面對牆壁並且腳尖靠牆之後提腳跟。雖然提腳跟是很簡單的事，但如果靠牆做這個動作卻不太容易做。這是因為，提腳跟會讓原本位於腳掌上的重心往身體前方傾斜同時重心落在腳尖，但是如果靠牆就無法這麼做了。

試著做看看，吃麻糬！

跪在地上，雙手互握擺在腰後，低下頭來吃麻糬。這個遊戲可以讓我們知道重心在哪裡。結果，重心在屁股的女子比較能保持平衡，但是重心在胸部的男子比較容易往前倒。

生活中的科學

神氣

必須把肚子往前挺才能保持平衡？

在電影裡頭常看到胖胖的老闆們挺著肚子，手擺背後，很神氣的姿態。而孕婦也像是炫耀什麼似地，都是挺著肚子行走。但其實這種姿勢是有重心的秘密存在著。如果大肚子，身體的重心會比沒有大肚子的更加往前移動。因此，當重心在前面的時候，為了不讓身體往前倒，就必須往後挺。

12~13世紀，征戰歐洲與亞洲，每次都打勝戰的成吉思汗，他也是善加利用了重心的原理。他的馬匹之所以很快是因為藏有重要的技術。在馬鞍與腳踏的馬鐙加重了重量，使重心位於下方，即使不拉馬韁也能穩穩地騎馬打仗。

這只是常識而已～

善加利用重心，才能贏得比賽

在跳高運動項目裡，肚子朝上，騰越過竿的時候，如果將背盡量彎曲，使重心降低，對選手較有利。

物體受力開始運動時，可以解釋為是該物體重心在移動的運動。給予同樣的力時，重心往上的距離會是固定的。但若要越過高高的橫竿，必須彎曲腰身，盡量降低重心，才會比較有利。而且是腳長並且上半身重量不重的選手較有利。

網球是一種必須不斷移動並且用力揮球拍的運動。為了使出很大的力量，將重心放在揮拍的方向時可以作用出最大的力量。重心如果沒有即時改變，球就無法越過球網了。

舉重選手則是必須使出自己體重的兩三倍力量。像是韓國選手張美蘭訓練的時候，會讓科學家看她舉重的照片，若是左右力量不平衡造成失去重心的照片，科學家會予以矯正，以訓練更重的抓舉。

7. 流體

在水中的重量與壓力
各種的運動

飛不回來的迴力鏢

各位觀眾
大家好～

現在是「尋找生活達人」的節目時間。今天我們邀請到迴力鏢的達人李重賢先生。

愣一

李先生您自稱是迴力鏢的特技達人，自我推薦來上節目。

啊，是的…我終於上電視節目了，好緊張啊…

啊哈哈～您不用緊張。聽說您20年來一直專心研究迴力鏢的技巧，請問練迴力鏢有遇到什麼困難嗎？

啊，
的…
難…

當然是遇到過很多的困難。但因為迴力鏢的魅力使我不知不覺來到這裡。

是～

總之，是迴力鏢讓我有這個機會來上節目，哈哈。上電視節目一直是我的夢想。太棒了…希望可以一直在這節目…。

？

？？？？

哈哈
原來是這樣啊～那今天要請您表演迴力鏢的特技。

？

愣一

……

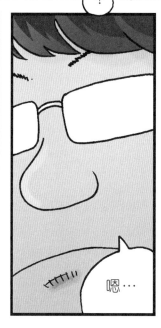

嗯…

可是我今天一定要表演迴力鏢特技嗎…？

什麼一！

這個人在說什麼呀！！！

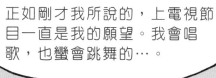

正如剛才我所說的，上電視節目一直是我的願望。我會唱歌，也蠻會跳舞的…。

這傢伙！！！

想當年我國小五年級的時候，還曾經在戶外教學晚會表演霹靂舞…。

呃啊啊！！李先生！時間不多了。

李先生，那就請您趕快跟我們講解一下迴力鏢的原理吧。

啊

原理～原理…原理…原理。

東翻

西找

？

咦？到哪去了？

……？？

啊！！找到了！

咳嗯！如果簡單從側面剖面來看，迴力鏢就和飛機的機翼一樣的原理…。

……

葉片上方圓圓的，下方平平的，所以迴轉時葉片會產生往上飛的力量。

喂！這傢伙，在是直播耶！

然後一邊迴轉，一邊產生「迴轉運動」，會飛出一道長長的圓弧線，再轉回來。就是這樣～

啪

是！！謝謝！！沒時間了。

麻煩請儘快為我們示範！！請趕快！！！

是～

好的～哈哈…可能些危險，退後一點

好～我要丟出去了～

用力～

呵呵～今天落在比較遠的地方耶…

什麼一！

……！！

用力

……

請問一下哦～

……

這個節目的收視率大概多少呢？雖然不重要，但既然…

這段表演到此為止！！

哎呀！可惡，這個人…。

飛機是如何飛在天上的呢？

飛機的機翼下半部是平平的，而上半部是弧形的形狀。上方的空氣與下方的空氣到達機翼後端時必須到達同樣的地方，所以上方空氣流動需要更長的距離。因此，機翼上下方的空氣速度產生差異。速度快就會壓力變低，所以飛機機翼下方的壓力較大，會產生將機翼往上推的力量，飛機就能浮在天空中了。

 ## 綠野仙蹤也有白努利定理？

小時候看的電影「綠野仙蹤」（The Wizard of Oz），其中，讓主角桃樂絲展開冒險的，就是龍捲風這個角色了。龍捲風所經過的地區，有許多房子的屋頂會被強風給吹了起來。正確地說，「屋頂被強風吹起來」是因為壓差而導致屋頂被龍捲風吸起來。龍捲風吹的時候，風在屋頂上方流動。這股流動的流體速度增加，則會形成和屋裡壓力的差異，屋頂就會被掀起來。桃樂絲的家之所以能夠整個被捲起來飛往歐茲王國，可能是因為桃樂絲家的屋頂和牆壁黏特別緊的關係吧。

 等等聽好！ ### 白努利定理

白努利定理是指在流體速度變快時壓力會變低的現象。當水龍頭流出水柱時，越往下流，水柱越是變細，這也是因為白努利定理的關係。

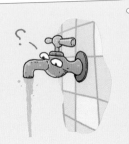

日常生活中的白努利定理

排氣孔：大樓屋頂的排氣孔上方如果是漏斗形狀，會比較通風。同樣的，在地底下生活的動物，會將通往外面的洞口處的泥土堆高一點，也是會比較通風。

灑水器：如果將細細的吸管插在水中，然後往吸管內呼一口氣，吸管裡的水會上升。在家庭之中常使用的灑水器，基本原理就是利用和液體連結的管子外面的空氣快速流動，壓力就會往低的地方，而使水噴灑出來。

吹風機與乒乓球：準備一顆乒乓球或海灘球，或者將氣球吹圓圓的一小顆也可以。首先，將吹風機打開且開口向上（如圖），將球用手拿在出風口，放手就能觀察到球會飄浮著。為什麼會這樣呢？這是因為在球表面流動的空氣速度快的關係，壓力就比較低。此時球雖然往空氣流動的方向，但因球兩邊都有空氣流動，球的四周產生了均衡的壓力差，所以就會被停留在定位。如果伸出一隻手去擋住空氣流動，會如何呢？這個時候空氣流動就不是均衡狀態了，當然也就會往某一邊飛出去。

漏斗與乒乓球：將兩張紙輕輕平行抓住，用嘴往兩張紙中間的空隙處吹氣，似乎兩張紙應該要被吹開來才對的，但實際上卻是會更向中間靠攏。原因是因為兩張紙中間的空氣速度快造成壓力小的關係。同樣的，漏斗開口朝下，將乒乓球放在漏斗開口，用手拿著乒乓球，從漏斗另一邊朝著地面吹氣。這時如果放手同時繼續吹氣，會如何呢？似乎乒乓球會因為地球重力而掉下去才對，但實際上乒乓球卻是緊靠往漏斗。這是因為漏斗內部接觸乒乓球四周的空氣流動速度快，造成比地面方向的壓力小，因此就會一直往漏斗靠攏了。

這樣就完成了！

好可愛

放在手掌上，用手指彈一下葉片的末端。

迴力鏢！快飛！

瞄準…

飛～

哇啊～！

啪—

呃！

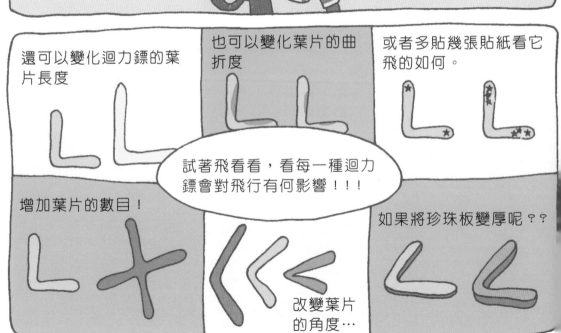

還可以變化迴力鏢的葉片長度

也可以變化葉片的曲折度

或者多貼幾張貼紙看它飛的如何。

試著飛看看，看每一種迴力鏢會對飛行有何影響！！！

增加葉片的數目！

改變葉片的角度…

如果將珍珠板變厚呢？？

我們先來想想看，如果將葉片的數目增加，會飛得如何呢？

嗯…這個嘛～

浮力變多了，照理說應該更會飛！但是空氣的阻力也會變大，所以不會飛得很遠…

咻—
咻—

咦？

啪啦啪啦！！！

不會吧…
呃！！

啊～原來會這樣～～

迴力鏢為什麼會飛回來呢？

迴力鏢會飛回來是因為各種原理與複雜環境因素所造成的。其中影響最大的就是升力和迴轉慣性。但是掌上型迴力鏢所作用的升力非常小，主要是因為迴轉慣性而飛回來的。為了形成這迴轉慣性，一開始彈葉片的手指力道是很重要的，因為重力的關係，葉片的重量也會造成某種程度的影響。

所謂慣性，是指物體繼續往行進的方向一直行進的力量。而掌上型迴力鏢是在葉片的尖端會有這樣的慣性。由於葉片兩端的質量會造成葉片以一定的軸為中心，繼續迴轉的力量維持了很長一段時間，這就是所謂的迴轉慣性。用指尖彈葉片時，手指彈出去的那片葉片會產生往前的力量，另一片葉片則是會產生往後的力量。因為用手指彈出去，所以一開始往前的力量更大，就會先往前飛出去。但是由於空氣阻力的關係，造成往前的力量減少，而迴轉慣性使得葉片往後的力量相對變大，這時就會飛回來了。

掌上型迴力鏢的如果重量太重，重力會比飛回來的力量強大，則會往下掉。而如果太輕則迴轉慣性太小，會在中途就停下來。

危險的白努利定理

白努利定理讓我們正視到一些會發生的
危險情況。例如，兩艘並行的船之間的船
身可能會互相撞擊，所以說非常危險。

萬一兩艘船朝同一個方向並行，兩船之間
的水流速度會比外側快速，所以施予船身的壓力較小。這時候外側的
壓力相對較大，就會將船往內側推擠，兩艘船很可能就會互相碰撞在
一起了。因此，朝同一個方向並行的船隻為了避免發生船身的壓力差
異，都盡量不會並行。若要並行，則必須往外行駛才能避免相撞。
常見的類似情況，是在沒有分隔島的道路或高速公路。行駛於高速公路的
車輛都是以非常高速度在行進的，雙向的第一內側車道行駛車輛之間，就
好像並行的船隻一樣，空氣的流動非常急速。因此，雙向車道上行駛的車
子之間的壓力急速減少，外側的壓力推擠，會造成雙向之間的靠近。

白努利（Jakob Bernoulli, 1654-1705）

18世紀瑞士科學家白努利，發現到流體一直持續流動時，經過窄的
地方，流速會增加。他猜測應該有在某處得到能量所以導致速度
增加。結果他發現因為必須保存整個能量，所以速度沒有增加而
是壓力減少了。像迴力鏢的情況就是，葉片上方的弧狀可以產
生一股的升力。

8. 浮力

水中的重量與壓力
各種的力—重力

浮在水上的人，與他身上的兩隻蚊子

新奇樂游泳池

呼呼～

呼呼～

嗯…真好。

為什麼這個大個兒身體會浮在水上呀？

哈哈哈

是因為浮力的關

浮力嗎？

我聽說，如果有東西在水裡佔了空間，水就會推擠這物體。這種推力就是叫「浮力」囉！

哦～大自然真是太偉大了。

你不但長得帥，而且學識淵博…是我見過最棒的雄蚊了～

但是…

嗯？

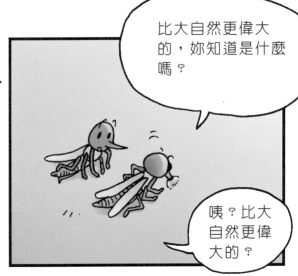

比大自然更偉大的，妳知道是什麼嗎？

咦？比大自然更偉大的？

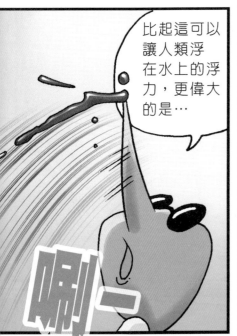

比起這可以讓人類浮在水上的浮力，更偉大的是…

讓我的心一直快樂浮啊浮…

…就是妳的美麗啊

閃

亮

唰一

哦！！親…親愛的…。

即使不是同年同月同日生，我們也要同年同月同日死。

親…親愛的…。

讓物體浮起來的浮力

所謂浮力，是指讓物體浮起來的力量。也就是說，如果在浴缸裝滿了水，當你進到浴缸內，水會溢出來。這時候溢出來的水的重量，就等於在你身體作用的浮力（讓你浮起來的力量）。

我的重量300N

水中的重量100N

溢出來的水的重量200N

 ## 和浮力關係密切的水密度

浮力和物體的重量或質量無關，浮力是和水的密度有密切的關係。假設你的重量是300N，但在水中的重量是100N，會這樣減輕重量是因為有浮力200N的關係。因此，溢出來的水的重量是200N。假設是比水的密度更大的液體，甚至可以讓你的重量僅僅只有50N。鹹鹹的海水比室內游泳池更容易讓人浮起來，這是因為海水的浮力大。只不過，因為海浪的關係，你會覺得要浮起來並不簡單。如果是在海水密度大的死海，人就可以很容易就浮起來。因此，和浮力有關係的是：液體的密度、物體在液體中所佔的體積、重力加速度。

浮力＝液體的密度×物體在液體中所佔的體積×重力加速度

為了使浮力變大，可以將液體的密度變大或者去到重力加速度較大的行星。可是水的水量多並不會讓浮力變大。萬一溫度上升，液體的密度變小，浮力也會變小。

水的壓力——水壓

所謂水壓，是因為重力造成水的重量而產生壓力。在水底部的水壓會比水上方的水壓還要大。因為越是往下，從上方往下壓的水量會更多。當物體在水裡面，所有方向都有水在壓迫著，其中左方的壓力和右方的壓力一樣大，所以會互相削減掉。但是下方的水壓比上方的水壓大，所以整體來看，只剩下從下往上推的力，這股力量稱為浮力。總之，浮力是水壓的合力。

因此，浮力和水中物體的種類無關，只和物體的體積有關。

如果一樣體積的木塊和石頭都放在水裡，會感覺浮力不同是因為物體重量的關係。木塊的重量小，無法勝過浮力，所以會浮在水面上；石頭的重量大，可以勝過浮力，所以會沉到水裡。

 ## 浮力與密度有著密不可分的關係

可以用密度來確認上述的情況。水的密度是1，如果是在水中，密度比1大的物質都是重力比浮力大，所以會沉下去。但是密度比1小的物質則都會因為重力比浮力小而浮在水面上。

 ## 在空氣裡也有浮力嗎？

我們不僅可以在水中看到浮力，連在空氣中也可以看到浮力。我們直接用嘴吹出來的氣球不會飄浮上去，但是氦氣（헬륨）氣球卻可以往上飄浮上去。這是因為氦氣的密度比空氣小的關係。大部分的物質都比空氣的密度大，所以即使在空氣裡有受到浮力也不會飄浮在空中。

將保特瓶裝水,裝到滿出來就對了!

呵~保特瓶先生,你喝夠多了。

咕嚕!

咕嚕!

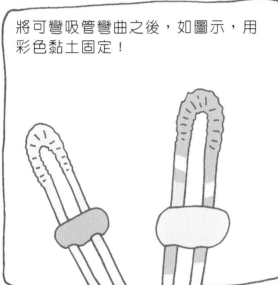

將可彎吸管彎曲之後,如圖示,用彩色黏土固定!

吸管的下方兩邊剪齊!

嚓!

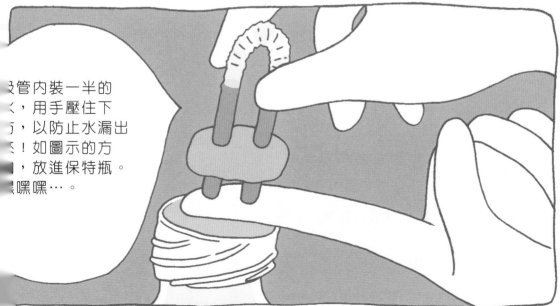

吸管內裝一半的水,用手壓住下方,以防止水漏出來!如圖示的方向,放進保特瓶。嘿嘿…。

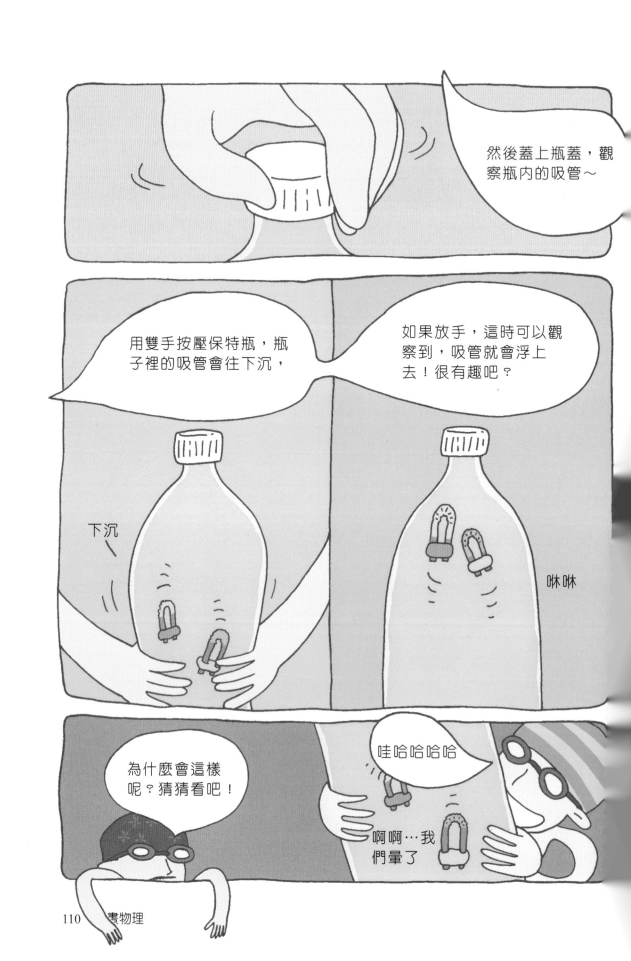

奇怪？

我每次按了再放手，吸管裡的水位高度也會改變耶？

怎麼這樣

呵呵呵…你真是反應慢半拍…。

發現到了吧…？吸管裡的水位高度和浮力的秘密…。

用手按壓保特瓶時，空氣因為受到壓力而體積變小！！！

同理！！！！如果放手，浮力就會變大而浮上去囉！！！

111

阿基米德（Archimedes, BC 287-BC212）

尤里卡！

洗澡洗到一半，發現到亥厄洛（Hiero）王的皇冠不是純金打造而大喊「尤里卡，尤里卡！」（希臘語，意思是：我知道了），同時光著身體在大街上跑著，這就是有名的阿基米德的故事。而「阿基米德原理」可以整理如下：

「液體內的物體如果沉在水中，則會有一個向上的力量推著該物體，而且此力量大小等於該物體所佔的液體的重量。也就是浮力。」

阿基米德比較水面上升程度的不同，來正確計算摻在皇冠裡的金與銀的比例。浸在流體中的物體受到向上的浮力，其大小等於物體所排開流體的重量。這被稱為「阿基米德原理」。在液體裡面，如果物體的密度比液體的密度小，則該物體會浮上來。如果物體只有一部分浸在水中，那是因為受到的浮力和作用於物體的重力（物體的重量）一樣的關係。

老師，我有問題！

用鐵打造出來的船為什麼會浮在水面上呢？

數千噸的鋼鐵打造出來的船內部是空的。這空的部分包含在內，沉在水中的部分會將水推擠，而被推擠的水的體積的重量如果比整艘船的重量大，船就會浮在水面上。萬一不小心觸礁，水進到船艙裡面，由於體積減少的原故所以船就會往下沉了。另外魚類也是利用體內的魚鰾，使牠能潛水或浮起來。魚鰾如果膨脹，裡面充滿氣體，密度減少，就會浮起來。魚鰾如果縮小，密度增加，魚則會下沉。還有，像是鱷魚的情況，會吞4~5公斤的石頭，來改變整個身體的密度，鱷魚就能潛到水面下游泳了。

新聞中的科學

永遠沉眠的鐵達尼號

已經在大海深處沉眠長達73年的鐵達尼號,在1985年夏天由美國伍茲霍爾海洋研究所的羅伯巴拉德(Dr. Rober D. Ballard)博士成功發現了這艘船的船骸。巴拉德博士是利用深水載人潛艇Alvin號而發現到沉在水深達3800公尺的鐵達尼號。

深水載人潛艇最重要的是靠重力與浮力。潛艇必須適當控制重力和浮力,才不會沉沒到水中。而且為了承受很高的水壓,船身必須夠堅固。潛艇的動力來自於電池,佔潛艇重量很大的比例,因此電池有些甚至是使用銀鋅電池,利用和海水的離子交換方式就可以減輕重量。載人潛水艇要浮上海面時,需要有浮力材料,這大約占潛水艇全部重量的3/1。因此開發輕盈的浮力材料也是屬於尖端科學的範圍。

要從深海之中將沉船的遺物打撈起來,需要同時利用浮力和重力。我們打撈遺物常用方法是在採集機器上面綁上沙袋,利用重力沉到深海之後,裝上遺物,再將沙子卸除,利用浮力浮上來。

在1995年8月,RMS鐵達尼公司訂定了打撈計畫,打算出動諾第(Nautile)號到達鐵達尼號的船骸,用9個浮升袋利用浮力進行打撈一部分船體。

可是就在幾乎打撈上來的一瞬間,綁住浮升袋的繩子突然斷掉,船體又再掉進海裡,會這樣是因為浮升袋越是往水面上升則浮力越小,重力越大,但當時並沒有正確計算出這個部分。

9. 力的合力

力的合成

明明合了力量，怎麼沒變輕呢？

咦？？

呃啊啊！！嚇了我一跳！！你幹嘛～！！

哈囉！

嗯…我們班的高曼，最沒人緣的傢伙…。

平常他很自私，所以我根本不理他…可是太重了，請他幫忙一下好了…。

哈囉！高曼是你啊～呵呵，高曼，那個…

我不要。

可惡！

什麼～～！！！

我連講都還沒講…！！這傢伙真是令人討厭～

呵呵呵呵…那個…我…對不起啦，可以幫我從後面推一下嗎？我一個人實在是太重了。

……

天氣很熱我知道，等一下請你吃冰淇淋～

好吧～這種小忙我幫你，誰叫我們是同學～

令人討厭…

嘰伊－

嘰伊－

從後面用力推～走囉～

謝謝～

用力…

用力…

為什麼推車沒有變輕呢…？

用力～

那個…高曼，怎麼…

什麼－！

喂，你這小子！！！

……

兩個力量的合力，要如何求出來呢？

　　兩個力量往相同方向作用，則兩力的大小就是兩力的合，方向則是和力的方向一樣。而如果兩個力量是以相反方向作用，會是如何呢？這時力的大小是兩力的差，力的方向則是較大的力的方向。

筆記超人

兩個力量往相同方向同時對某一物體施力的舉例

- 把秤錘掛到彈簧秤，掛1個、2個…，繼續增加秤錘數量的時候
- 一個人拉手推車，而另一個人在後面推的時候
- 划船搖槳，往河水流動方向划出去的時候
- 在網球場，兩個人一起用力拉著球場的清潔滾輪的時候
- 飛機的飛行方向和氣流的方向一樣的時候

兩個力量往相反方向施力的舉例

- 拔河比賽時，往兩邊拉的力量
- 將物體舉起時，舉起來的力以及重力
- 物體在掉落時，作用於物體的重力以及空氣的摩擦力
- 划船搖槳，往河水流動的相反方向划出去的時候
- 作用於水中物體的重力與浮力
- 飛機飛行時，作用於飛機的重力與升力

不在同一直線上的兩個力量的合力

如果兩個力量不在同一直線上，合力可以利用平行四邊形求出來。將兩個力量以向量的方式畫出，以兩向量為平行四邊形的夾角的兩邊，畫出一個平行四邊形，對角線就是合力。

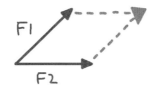
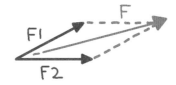

 ## 三個以上的力量的合力

如果有三個以上的力量，求出任兩力的合力，再求與其他力的合力，最後得到的結果即是合力。

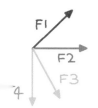
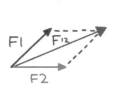
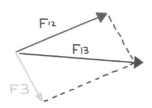
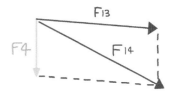

 ## 這只是常識而已～

拉單槓的時候

當我們拉單槓，身體要往上提上去的時候，如果手的寬度和肩膀同寬，會比較容易提上去，但是如果手的寬度是肩膀兩倍寬，則比較不容易提上去。

教學實驗室　　製作拱形結構

彎腰～

呃呃呃…今天…要做的…實驗…是…。

使勁撐下去…

彎腰～

拱形…用紙張…製作出…拱形…的實…驗…。雖然是紙張…卻是可以…承受很大重量的拱形！！！！！

請問為什麼要這樣…

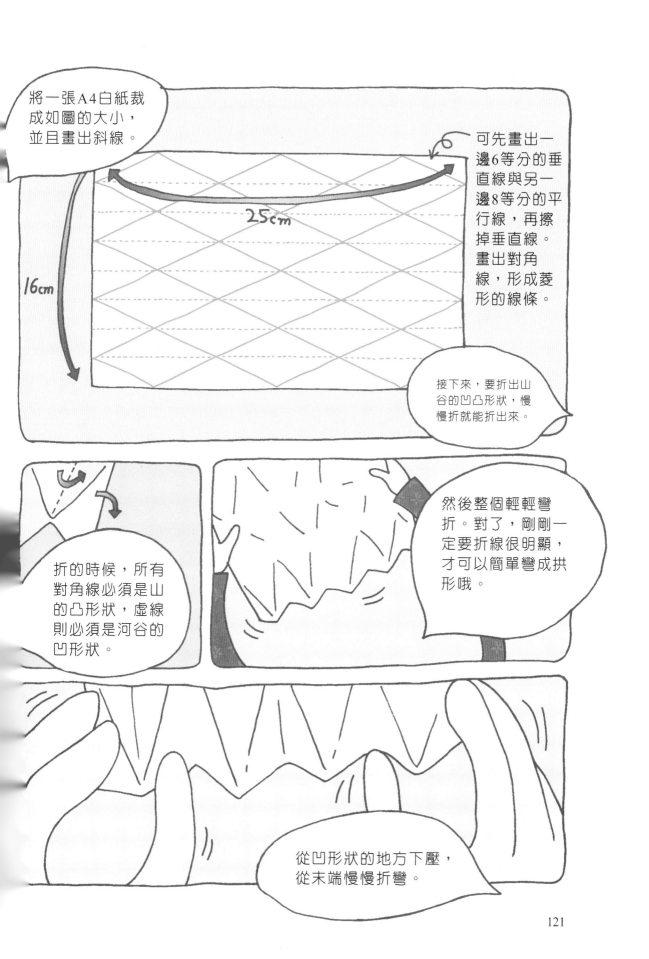

將一張A4白紙裁成如圖的大小，並且畫出斜線。

可先畫出一邊6等分的垂直線與另一邊8等分的平行線，再擦掉垂直線。畫出對角線，形成菱形的線條。

25cm

16cm

接下來，要折出山谷的凹凸形狀，慢慢折就能折出來。

折的時候，所有對角線必須是山的凸形狀，虛線則必須是河谷的凹形狀。

然後整個輕輕彎折。對了，剛剛一定要折線很明顯，才可以簡單彎成拱形哦。

從凹形狀的地方下壓，從末端慢慢折彎。

：漢江大橋（한강대교）是連接韓國首都首爾之公路橋，橫跨漢江兩岸。

有效分散力量的拱形結構

　　在我們生活周遭，可以很容易就看得到拱形的結構。像是人類的腳骨、胸骨，以及爬蟲類或鳥類的蛋，都能看得到拱形。這些都是為了要分散從上方下壓的力量。在韓國漢江上的傍花（방화）大橋與城山（성산）大橋，就有拱形的結構，這種結構的目的是為了要有效分散力量。

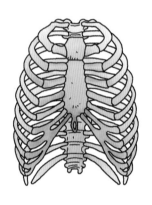

這只是常識而已～

在我們人體也有拱形的結構？

連在我們人體也存在著拱形的結構。

哪個部位最常承受很大的力量呢？當然就是負責支撐全身重量的腳掌了。

現在可以看一眼自己的腳，整個足部有幾處像拱形一樣，由骨頭與關節形成複雜的結構。

在我們行走的時候，這些彎曲的拱形扮演彈簧的角色。每走一步踏到地面，腳掌必須承受身體的重量，原本拱形彎曲的部分會稍微變平，以緩衝力量，並且吸收震動，而當我們抬起腳離開地面時，腳掌就會恢復彎曲，保持平衡。

腳掌如果太過扁平，稱為平足。但是平足因為容易過度負重，所以無法長時間行走。

斯臺文（Simon Stevin, 1548-1620）

發現到力的平行四邊形法則的人，是荷蘭數學家兼物理學家斯臺文，又名斯臺維努（Stevinus）。他在1582年出版有關利息計算表的書籍，帶給商人很大的便利。不久之後，在《論十進位》（De Thiende, 1585）這本小冊子裡，他首次明確地解釋了關於小數的計算，並且高度評價了小數（十進分數）的標記法與計算法的價值。斯臺文是第一個有系統論述十進分數的人，對於算術的進步貢獻非常大。雖然有一些複雜，但這個標記法後來被韋達（Francois Vieta）改良過，韋達對法國政府提議以十進位為基礎的貨幣改革及度量衡制度，直到法國革命才被法國政府大力推行。

所謂力的平行四邊形法則，是指F1、F2兩力的合力F會是等於平行四邊形的對角線的長度。

老師，我有問題！

力的合力，為什麼很重要呢？

利用科學可以有助於探討與預測日常生活的現象，力的合力也是一樣，可以解決大大小小的一些難題。

例如，花式滑冰比賽當中，男女滑冰舞者分別從兩個方向快速滑過來的時候，可以預測兩人會合之後的運動方向。還有，兩輛汽車相衝撞發生交通事故時，如果其中一輛的駕駛主張自己沒有速度過快，可以由兩輛汽車衝撞後一起移動的方向來看是哪一輛汽車速度過快。力的合力，就可以成為科學搜查的原理了。

10. 工具

比神仙法術還更有力的槓桿

啪

嘎啊啊！！

噗通～～！！

想用槓桿稍微移動石頭，但為什麼卻動也不動呀！！！

唉呀…難道沒有更好的方法嗎？要這樣子就回去嗎？

從那石頭感覺到不尋常的能量。早日將它移得遠遠地，才能帶給村莊好運。

唉呀…一定要搬走才行啊…

轟～！！

啊？

是誰把棍子丟進湖裡啊？

……身～！！！

拜見山…山神大人，是我！！！

哼！！年紀輕輕的竟敢胡作非為～！！你這是什麼行為？？喂！快招！

……

你拿這棍子究竟要做甚麼？

啊～是…其實我是想利用那根棍子，以槓桿的原理把這個大石頭移開。

哦，是嗎…？

為什麼要移開這個大石頭呢？

是這樣的～

有位僧人經過這裡，說這石頭帶有厄運，所以為了村子安危，我來移除這石頭。

呵呵呵！真是難得啊～保有這樣善良的心性～

嘿嘿…

可是那麼重的石頭，用這麼短的棍子…

好吧！剛好現在是行善特別活動期間，我就趁這個機會幫忙你們這些善良的人吧。

啊！是真的嗎？

謝謝您～！！真是太感謝您了～！！

變長～蹦～！！

讓我看看…

哇！真是難以置信～！不知不覺間棍子就變長了！

這…沒什麼了不起…

用…用力～！！

嘿咻！！！

哇！這麼重的石頭瞬間就…！！！

……

咻嗚嗚嗚！！！

真是太感謝您了！！！謝謝您！！！

不用謝了…這沒什麼！

啊～真是太幸運了呀。趕緊去告訴村子裡的人～！！

哈哈哈～

我回來了…？？

咦？？

那個臭老頭！！！！

搞什麼一！

小蝦米對抗大鯨魚，以小搏大！

我們在前面已經學習過如何找出重量重心的方法（在第六章學過）。兔子先生和豬先生在玩蹺蹺板的時候如果使用了槓桿原理，就能用較小的力量舉起較重的東西。

施力點　　　支點　　　作用點

蹺蹺板的中心固定點，稱為支點。兔子先生施力的點，稱為施力點；讓豬先生被抬起來的點稱為作用點。

為簡單說明槓桿原理，我們先要了解以下的名稱：

施力臂：從支點到施力點的距離。

抗力臂：從支點到作用點的距離。

第一種槓桿：剪刀，老虎鉗，衣夾，蹺蹺板等，是以作用點－支點△－施力點的順序。隨著施力臂及抗力臂長度不同，剪刀在市面上有著多樣化的商品種類，因為如果施力臂大，我們就可減少施予的力，即使用輕輕的力量也可以輕鬆的切斷東西。如果抗力臂大，則可以切斷那些必須小力剪斷的物體。

第二種槓桿：開瓶器，是以支點△－作用點－施力點的順序。施力臂比抗力臂大，使用較小的力量將緊閉的瓶蓋打開。

第三種槓桿：是以作用點－施力點－支點△的順序。不論是夾細麵時使用的筷子或是拔白頭髮時使用的鑷子都屬於這類槓桿。因為施力臂比抗力臂小，得到的力較小，遲鈍又粗大的手無法做的細活就需靠這類槓桿來幫助囉。

剪　　　剪

第一種槓桿

嘶

第二種槓桿

第三種槓桿

定滑輪的施力臂與抗力臂一樣，施的功和受的力一樣，所以必須施予和物體重量一樣的力才能將物體抬起。那麼為什麼還要使用定滑輪呢？雖然定滑輪須施予和物體重量一樣的力，但是卻能改變施力的方向。因為當抬起物件的時候，向下拉會比向上抬還要更加容易。

如果是動滑輪，施力臂是抗力臂的兩倍距離，所以施予的力量只要物體重量的二分之一就能將物體抬起。既然如此，通通都用動滑輪不就好了嗎？然而，雖然力量減半，但是卻必須用兩倍長的繩子來拉。

因此，日常生活之中很多都是使用定滑輪和動滑輪混合的複合滑輪以及組合滑輪。

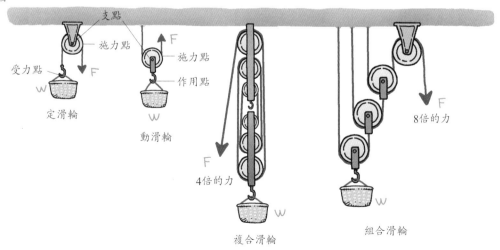

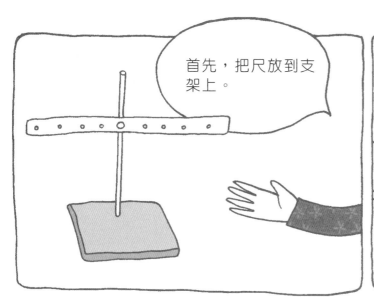

首先，把尺放到支架上。

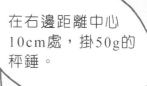

在右邊距離中心10cm處，掛50g的秤錘。

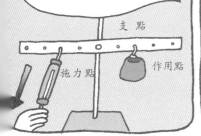

在左邊距離中心10cm處，掛彈簧秤並且拉動彈簧秤。

支點

施力點　　作用點

這個時候，刻度為50gf。

如果在左邊距離中心20cm處，掛彈簧秤並且拉動彈簧秤，則刻度為25gf。

$$50gf \times 10cm = 25gf \times 20cm$$

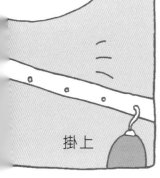

g的秤錘掛在距離中心20cm

掛上

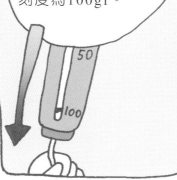

在左邊距離中心10cm處，拉動彈簧秤，則刻度為100gf。

看到了嗎？施力點、支點、作用點的位置不同，實際作用的力量大小也會變得不同。

呵呵呵……

接下來～我們來使用滑輪做其他實驗吧！呵哈哈—

……

第二個實驗，是製作簡單的滑輪～

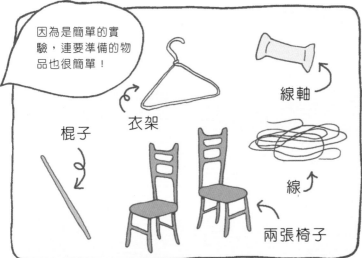

因為是簡單的實驗，連要準備的物品也很簡單！

衣架

線軸

線

棍子

兩張椅子

首先，把線軸穿進衣架。

兩張椅子之間架一根棍子，把衣架固定在棍子上。

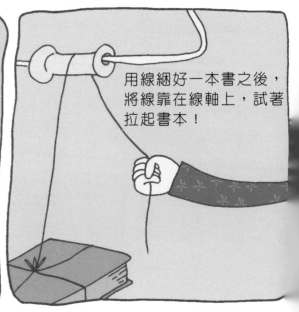

用線綑好一本書之後，將線靠在線軸上，試著拉起書本！

嗯…該怎麼形容呢…好像沒什麼差別，但因為是往下拉，所以很好拉。

上—

即使只是轉換方向，也會變得好拉耶。

也可以再改變一下方式哦～

使用兩個衣架，像這樣擺放之後，試著拉起書本！

拉看看…

往上拉…咦？

哈哈哈

哇～！！！！好輕啊！！！！哇啊～～

然都是拉同樣一書，卻比較不費，對吧？哈哈哈哈

可是老師，您今天怎麼如此開心呢？

哈哈哈…你真遲鈍！因為這是第十次實驗，我們竟然做這麼多了呢，哈哈哈！

……

在我們人體也找得到槓桿的原理～

　　我們人體部位，也有一些是利用槓桿的原理，可以看到施力點、作用點之間有支點的存在。而且很多都是作用點－施力點－支點的順序，屬於第三種槓桿，雖然比較費力，但特色是動作的半徑比較大。例如，旋轉手臂或身軀，就是將動作的半徑擴大，身體的骨頭就是整支的槓桿，關節是支點，肌肉的動作就是作用於槓桿的力量。擴張這些人體槓桿，可以找得到1～3種槓桿特性。

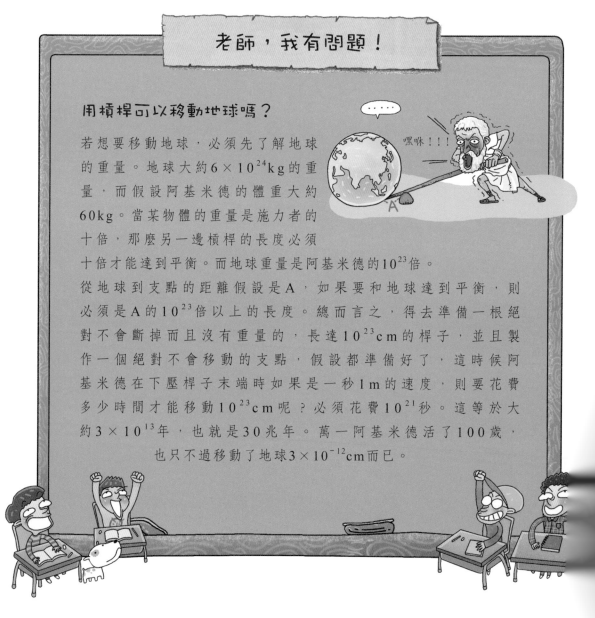

老師，我有問題！

用槓桿可以移動地球嗎？

若想要移動地球，必須先了解地球的重量。地球大約6×10^{24}kg的重量，而假設阿基米德的體重大約60kg。當某物體的重量是施力者的十倍，那麼另一邊槓桿的長度必須十倍才能達到平衡。而地球重量是阿基米德的10^{23}倍。

從地球到支點的距離假設是A，如果要和地球達到平衡，則必須是A的10^{23}倍以上的長度。總而言之，得去準備一根絕對不會斷掉而且沒有重量的，長達10^{23}cm的桿子，並且製作一個絕對不會移動的支點，假設都準備好了，這時候阿基米德在下壓桿子末端時如果是一秒1m的速度，則要花費多少時間才能移動10^{23}cm呢？必須花費10^{21}秒。這等於大約3×10^{13}年，也就是30兆年。萬一阿基米德活了100歲，也只不過移動了地球3×10^{-12}cm而已。

利用滑輪製作出舉重機

建造國家的城堡，最重要的目的是為了能夠保護國家不受敵人的入侵。可是為了建城，必須用到百姓們的眾多勞動力，甚至沒有時間去耕種農作物而可能造成穀物不足，令百姓遭受缺糧的災害。尤其是，搬運大石頭除了需要用到眾多勞動力，還可能因為搬運過程被重石壓傷或致死的情況。建造水原城的丁若鏞看到了這些問題點，所以他利用滑輪製造了舉重機。使用四個動滑輪而形成了8倍的力量。有了舉重機，花費三年時間即建造完成了水原城。像這樣，利用科學的原理，可以對人類帶來很大的便利。

找找看我們日常生活之中的滑輪

當我們要搭電梯上去高樓時，如果遇到可以看見內部的電梯，就能看到滑輪了。滑輪的一邊有一個大大的重錘，另一邊則是電梯，可以上下移動著。還有，在升旗台上則是因為有定滑輪，可以將繩子往下拉，以改變國旗的方向而往上升上去。另外，窗戶的遮陽窗簾也是有定滑輪的裝置。而拖吊故障車的拖吊車以及搬運重物的起重機，是使用動滑輪來減輕力量的。

速率+速率=被判出場？

我跟你說，這樣就能到600km/h！

嗯？

火車跑的速度已經有300km/h了，如果在這火車上發射出300km/h速度的子彈，不就能以600km/h的速度飛過去了嘛！

啊哈！原來如此～

雖然在行進中的火車裡看到是300km/h，站在外面看的時候是600km/h的速度。

哈哈，真是有趣～

呵呵～那麼下個問題是什麼呢？

……

6個月後…

看我的

…往前衝！！

什…什麼！？

噠噠噠噠噠噠噠

接招吧！！！加速！！！

咻嗚嗚嗚！！！

！！！！！

被判出場！！！

科學所說的運動是什麼？

運動指的是什麼呢？每天晚上為了減肥而跳的跳繩是運動，還有在學校的運動場和同學們一起踢足球也是一種運動。但是，科學所說的運動，到底是指哪種運動呢？

公車從A站牌開到B站牌，像這種從A地開到B地的開車過程就是一種運動。換句話說，物體的位置隨著時間的流逝而移動的情形，就是從科學觀點所看到的運動。

 ## 速率為什麼很重要呢？

速率是指某個單位時間內移動的距離，以每秒所移動的距離計算，就是m/s；而一小時內移動的距離則以km/h來表示。但是，在我們日常生活中，速率為什麼很重要呢？這是為了能夠比較速度快慢。

高速公路上的測速照相機，就是透過在一定時間之內移動距離的速度測定，將超速的車輛從中挑出來。為了能夠快速判定是否超速，將距離、時間來做個對比比較的話，這樣會比較容易判定。

要如何標示位置呢？

物體的位置是從基準點用方向和距離來表示。換句話說，物體移動的距離，是最終位置減掉最初位置就可以得知。這個時候，位置即使是一樣的地方，也會因為基準點不同而有不同的位置標示。

物體的移動距離＝最終位置－最初位置

舉例來說，基準位置是學校，京雅家是距離3km，而從基準位置到恩熙家是距離2km。不同的基準，就會有不同的位置標示。恩熙的家離學校有2km，京雅的家離學校有3km，京雅去恩熙家玩的話，那麼京雅所移動的距離就是最終位置3km減去最初位置2km，總共移動了1km。

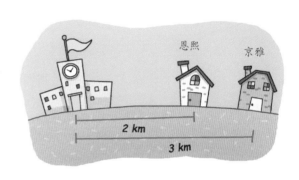

老師，我有問題！

速度快慢的比較

其實我們日常生活中，速率可以運用的範圍非常地廣泛。

那麼，10秒鐘移動5m的兔子與1小時移動1km的烏龜，是誰比較快呢？

若光從數字上來看是無法輕易地分辨出來的。這時，將一定時間（單位時間）內移動的距離做比較的話，就能知道哪隻動物的移動速度更快了。在這裡兔子1小時（3600秒）可以移動到1800m，等於移動了1.8km；而烏龜1小時的移動距離是1km，由此得知兔子的移動速度比烏龜還更快。

用一張紙將鉛筆捲起來,接著用膠帶固定紙張。

喝!合體

`OK!!`

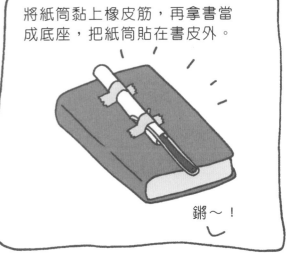

將紙筒黏上橡皮筋,再拿書當成底座,把紙筒貼在書皮外。

鏘〜!

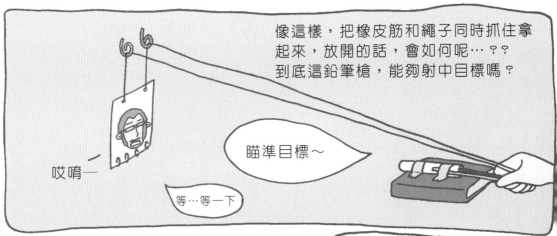

像這樣,把橡皮筋和繩子同時抓住拿起來,放開的話,會如何呢…??
到底這鉛筆槍,能夠射中目標嗎?

哎唷一

瞄準目標〜

等…等一下

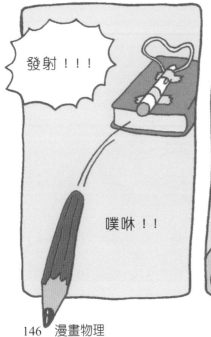

發射!!!

噗咻!!

喔呵呵呵呵呵〜結果到底如何呢?

期待萬分…

今天真的奇怪,這有幹勁

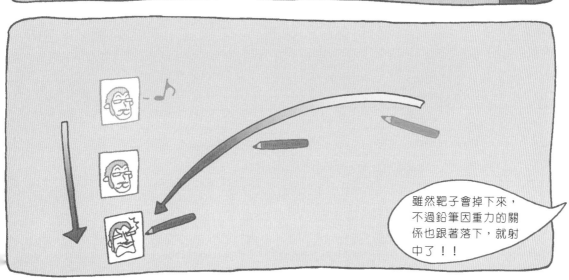

可以用雷聲來測距離嗎？

　　閃電是光的速度，所以大約是1秒300000km的速度。可是聲音是1秒340m的速度。因此，閃電打完之後過不久才會聽到雷聲。如果知道這間隔的時間，就可以知道這閃電是發生在距離多遠的地方。

　　假設從看到閃電的時間到聽到聲音是花了1秒，則是距離340m的地方。以同樣的方法計算，如果從看到閃電到聽聲音是2秒，則距離340×2＝680m，如果是5秒後聽到，則距離340×5＝1,700m。

 ## 如果以光速移動呢？

　　光的速度快到令我們無法想像，是秒速30萬km的速度。地球赤道一圈的長度大約4萬km，所以光以一秒就能繞地球七圈半。從太陽到地球大約1億5千萬km，所以太陽光到達地球需花費8分鐘左右的時間。太陽如果爆炸了，我們要8分鐘後才會知道。

　　依照愛因斯坦的相對論，萬一某個物體是接近光速的移動速度，則

1.時間就會停止，不會變老
2.所有東西會看起來變得收縮而且細長
3.該物體的質量會達到無限大

　　萬一比光速更快移動，可以讓時光倒轉，或許可以看到過去的事也說不定。

老師，我有問題！

生活在地面上的最快速的動物是什麼呢？

是獵豹（Cheetah）。獵豹在起跑之後2秒，就會達到時速72km，而獵豹最高時速可達113km。像這樣快的速度奔馳，在瞬間就會消耗掉體力，所以無法持續跑10分鐘以上。獵豹能夠跑這麼快是因為牠身體很柔軟的緣故，牠的背部骨頭能像彈簧一樣的伸縮，在短跑距離內，沒有動物能夠跟得上獵豹。

蒼蠅的速度可達65-80km/h，老鷹從高空落下時據說可以達到200km/h的速度。我們日常生活常會用到的電梯速度是1.5m/s，至於汽車則可以到310km/h的最高速。

筆記超人

測量速度的工具

· 測速槍（Speed gun）：將一種耳朵聽不到的聲音（超音波）射出去之後，測出反射回來時的聲音，來偵測速度。

· 無人測速器：在地上固定間距鋪上線圈，測出通過間距所花費的時間，來偵測速度。

12. 牛頓定律

物體的速度
各種的運動

慣性定律就像賴床一樣

喂！！！鄭浩哲！！！

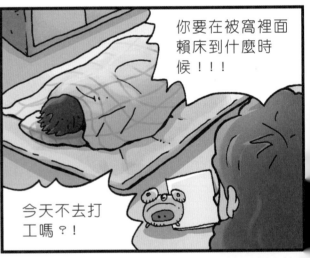

你要在被窩裡面賴床到什麼時候！！！

今天不去打工嗎？！

呃嗯…要起來了…

快起床！！！

你怎麼讀小學到大學都像個小孩一樣？

嗚嗯…

他們太相愛了。

什麼—!

從高中開始，他們就培養出了感情。

什麼啊！！？你…你怎麼了！？

內向文靜的少女和外向的不良少年…他們雖然是那麼地不同，卻從對方身上感受到更多的魅力。

他們的愛情是不被看好的，所有人都認為那應該會是一時短暫的迷戀。但是他們卻愛情長跑了10年之久。

兩人約定要一輩子廝守在一起，也有結婚的決心，但是最初不看好的雙方父母們就是反對他們兩個交往。

經過漫長三年的不斷說服…。他們還是沒有辦法融化父母們冰冷的心。

但越是這樣，他們的愛情越加升溫，他們瞞著父母悄悄存了點積蓄，為了嶄新的人生，他們豁出去了。

建安哥！我們用這些錢，去幸福過日子吧！

我會給妳幸福的！我愛妳，孝貞……

啊啊！？

該死！！是斷崖…！！！

煞車一

呃啊啊！！！

呃啊啊啊啊！！！！

咻嗚嗚嗚~!!

哎呀啊啊啊！錢…錢！！！

……

為什麼這種地方會有斷崖呀…

這正是慣性作用的緣故。疾駛中的摩托車突然停止,但是那包錢卻具有繼續運動的特性,所以錢才會往前飛走。

…是,是的。我也想要維持這樣的狀態繼續待在被子裡。

這一切都是慣性的定律啊…。是自然不變的定理呀~

……

你在胡說八道什麼呀!兒子!!!!!!

……

…正因為慣性定律,所以不想起床啊…。

牛頓的三種運動定律

牛頓第一運動定律：慣性定律

　　當公車緊急煞車的時候，我們會感覺到身體往前傾斜。同樣的，當公車突然開始行駛，我們就會覺得身體往後傾倒。所有的物體若是沒有接受到外力的影響，那它便會維持原本的運動狀態，這樣的現象我們稱之為牛頓第一運動定律『慣性定律』。也就是說，靜止的物體會永遠維持靜止的狀態，運動中的物體會一直用相同的速度作直線運動。

這些都是慣性定律

1. 拍打棉被的話，灰塵會掉落。
2. 抓住鐵槌的把手，用把手捶打下去，鐵槌頭位置是固定的。
3. 電梯下降停止的時候，身體會有沉重的感覺。

緊急煞車

4. 跑完50公尺賽跑之後，在終點線沒辦法馬上停止，會多跑出幾步。
5. 汽車相撞的事故發生時，安全帶可防止我們的身體被彈出去。

牛頓第二運動定律：加速度定律

　　如果受的力較多，加速度就會變大（正比）；要是質量變大的話，加速度就會變小（反比）。在這裡所說的加速度，是指速度隨著時間而變化的量。這就是牛頓第二運動定律『加速度定律』，可用公式 $F=ma$ 來表示。

這些都是加速度定律

1. 小的物體比大的物體更容易用手推動。
2. 推動車子時，兩個人來推會比一個人推還要更加容易。
3. 被快速投擲的球打到，會比慢速投擲的球更痛。

牛頓第三運動定律：作用與反作用定律

　　在遊樂園玩碰碰車時，若靜止的車被移動中的車碰撞到的話，靜止的車會被彈出去，然後這輛碰撞他車的車的速度則會被削減而變弱。也就是說，當有A、B兩個不同物體時，物體A對物體B施力（作用）的話，物體B也會對物體A施加一樣大小的力（反作用）。這就是牛頓第三運動定律「作用與反作用定律」。

這些都是作用與反作用定律

1. 太空船發射時，太空船推動氣體，而氣體也同時推動太空船，這樣就能將太空船發射出去了。
2. 蘋果吸引地球，地球也吸引蘋果，所以蘋果才會往下掉落。
3. 赤手空拳打牆壁的時候，牆壁也會打拳頭。

聽好聽！

作用與反作用定律不僅適用於彼此有接觸的物體，也適用於重力、電力和磁力的情況下的兩個不相接觸的物體。

筆記超人

作用與反作用的條件

・作用與反作用會是兩者大小相同，但方向相反。
・作用與反作用會同時發生並且同時存在。
・作用與反作用存在於互不相同的兩個物體之間。
因此，若是兩力的作用點不同，作用、反作用的兩個力量就無法達到相互平衡。

157

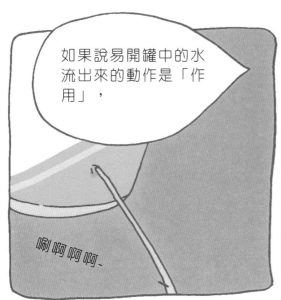

如果說易開罐中的水流出來的動作是「作用」，

唰啊啊啊

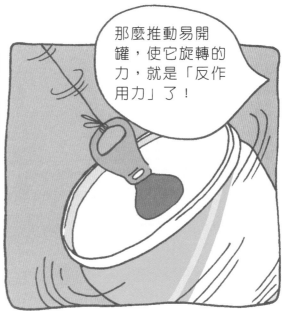

那麼推動易開罐，使它旋轉的力，就是「反作用力」了！

假設，如果第二個孔不是順時針方向的話，易開罐就不會旋轉囉！

在我們的周圍找找看，有什麼是利用作用與反作用法則的例子呢～

這邊當然是作用

這邊是反作用～

衝衝衝衝衝…

烏賊在水裡面是如何游動的呢？

　　烏賊這種魚類，是用非常有趣且特別的方法，快速游動。

　　烏賊和其他的頭足類動物一樣，在身體的腰部會有一個孔，與身體前方一個漏斗狀的特別的孔相通，猛烈將水噴向後方。結果就是會根據作用與反作用法則，將身體往前推出去。

　　因為烏賊能夠用那個漏斗指向旁邊、後面，或者是朝任何想要去的方向，根據上面所述的作用與反作用法則，當然也就可以隨心所欲往各個方向移動了。

　　水母也是用相同的原理移動。水母利用肌肉收縮做出圓鐘形狀，讓自己的身體由前方噴出水來，並且在同一時間依靠得到的反彈力來移動身體。

 ## 這只是常識而已～

在沒有空氣的外太空，如何讓火箭改變方向呢？

在外太空改變方向，是與飛機利用主翼與尾翼以空氣阻力來改變方向是不同方法的。因為在外太空裡沒有空氣，所以無法利用空氣阻力。因此，改變火箭方向時，必須要利用歪斜的輔助引擎。用歪斜的角度噴射出氣體的話，火箭便會往相反的方向旋轉調節。就像希羅引擎一樣，從一方流出水的話，易開罐就會往另一個方向旋轉，是一樣的原理。

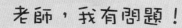

老師，我有問題！

易開罐製成的希羅引擎，在日常生活中有實際例子嗎？

最精確使用的例子是灑水器。灑水器是為了在火災發生時能夠滅火，才掛放在辦公室等場所的天花板上；而在草坪上，則是拿來當作灌溉農作物的器具。在草地上給農作物澆水的時候，灑水器的噴頭部分會旋轉地灑出水來。在這個時候，水噴出來的時候就會自動旋轉了。會那樣的理由是因為出水孔就像希羅引擎一樣，會朝著固定的方向，當水灑出來時，便用反作用力使噴頭部分旋轉。

韓國史中的科學

古時候的希羅引擎

希羅是希臘的機械學家、物理學家、數學家。右圖是希羅所發明，是人類第一個蒸氣機關。從鍋子噴出來的蒸氣隨著管子，進入了固定在水平軸心上的球。之後蒸氣從邊端彎曲的管子噴出。這時候，蒸氣管的運動方向的力與反方向的力互相作用之後，球體就開始轉動了。雖然這一個蒸氣機關是在西元前2世紀時就已被製造出來，當時卻只是被當作神奇的玩具來看待，無法在日常生活被利用與發展。因為那個時候可以用低廉費用去剝削奴隸們的勞動力，所以就沒機會利用到這樣的機械。

13. 聲音

傳達愛意的聲波

嗚！！

嗯…

哈哈哈哈！聲波往左邊傳過去又再回來，震盪驚動了左腦。

嘿嘿，師父～

真像在作夢啊！我竟能產生這麼厲害的超能力…。都是因為師父教導有方。

嗯，嗯，從現在起，你已經會自由自在控制「聲波」了。

聲音乃是一種振動。當振動刺激耳朵時，我們稱之為「聽到聲音」。從現在起，你已是能夠自由自在控制振動的「聲波操作術」的繼承人。

是，師父，謝謝您。我至今仍難以置信呢⋯。

嘎啊啊！！！

咦！！！

嘎啊啊！！！

你注意聽。

師父您為何突然這樣呢？

嘎啊啊！！！

？

⋯⋯

嘎啊啊

哇啊！！

你下山去吧，利用「聲波操作術」，去實現你心中的夢想吧。

是，師父。

聲波越過了山嶺，又再回來…真不愧是師父啊！！令徒弟敬佩萬分！！

你記住，就如同空氣不能用手抓得到是一樣的道理，聲音的振動也是看不見的，卻是會移動而且存在著能量。

首爾

亮娜小姐，請看好！！哈哈哈哈～

噗通～～！！

……

嗯嗯嗚哦～

嗚哦嗯～

太…太厲害了！！！

什麼是波動？

　　所謂波動，是指振動傳到其他地方的現象。水波、地震、聲音、電波、光等等，都會有波動。這時候，波動是透過介質而被傳到其他地方。介質是傳達波動的物質，波動傳開來的時候，介質並不會移動，波動是透過介質把能量移動到其他地方。例如，丟一顆小石子到湖裡，水波會散開來，此時水面上的葉子並不會和水波一起移動出去。這是因為被當作介質的水不會隨著移動的關係。

 ## 橫波與縱波

　　波動有橫波和縱波。橫波是和水波或光波一樣，波的振動方向和行進方向是垂直的。至於縱波，就和聲音一樣，波的振動方向和行進方向是平行的。

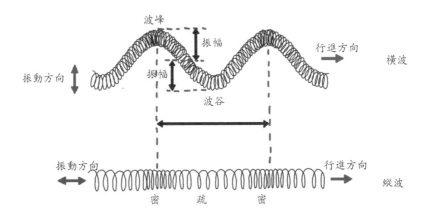

・波長：振動時，波峰到波峰的距離，或波谷到波谷的距離，單位：m
・振動數：1秒所振動的次數。單位：Hz（Hertz）＝1/S
・振幅：波峰到平衡點的距離。單位：m

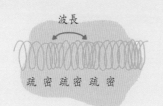

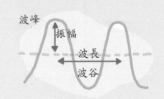

波的反射

波行進到一半，如果遇到不同介質的平面，會反射回來。例如，我們在山上大聲喊叫，會有回音傳回來，就是這個原理。而且，波不管遇到什麼樣的表面都會產生反射。波的反射常被用於海底地形探測器、魚群探測器、雷達、速度測量器、超音波診斷裝置等等。

波的折射

波從一個介質到另一個介質時，行進方向位移或改變，稱為波的折射現象。例如，我們在海邊看到的海市蜃樓，就是折射的一種。另外，在杯子裡插一根吸管，光線進入水中時在水和空氣的交界處，可觀察到其行進方向改變，這也是折射的一種。

波的繞射

波如果遇到障礙物，會散開甚至還會繞行到障礙物的後方，這種現象稱為繞射。例如，我們在房間裡也能聽得到外面的聲音，這是因為聲音的繞射現象，而往四面八方散開，有些從門縫繞到房間裡了。

悄悄話 悄悄話 悄悄話

聲音的一般特性

物體振動的同時使周圍的空氣振動，就會發出聲音。聲音的大小隨著振幅的不同，會有所不同。振幅大，則聲音大；振幅小，則聲音小。聲音的高低則是隨著振動數的不同，會有所不同。高音，每秒振動次數大；低音，每秒振動次數小。

大的聲音　　　　小的聲音

高音　　　　　　低音

用吸管製作排笛

老師,我來了~可以進去嗎?

你不是已經進來了?

哈哈~嗯,老師您在做什麼呢?

打算做排

咦?光是這些就夠了嗎?用這些材料怎麼可能做出排笛呢,老師您也真是的~

鐵夾子

剪刀

粗的吸管五支

打火機

膠帶

尺

當然只是玩具囉!你這個小傻瓜。

這個就是「排笛」，這種樂器在電視有看過吧？音色非常美麗哦～

啊…老師…我可以再問清楚一點嗎？

「排笛」是什麼呢？哈哈！

樂音的音階	Do	Re	Me	Fa	So	La	Si	Do
振動數的比	1	9/8	5/4	4/3	3/2	5/3	15/8	2
吸管長度比	1	8/9	4/5	3/4	2/3	3/5	8/15	1/2
吸管的長度(cm)	8.0	7.1	6.4	6.0	5.3	4.8	4.3	4.0

依照這個表，開始剪吸管囉！不同的吸管長度，會發出不同的音色！

吸管可以像笛子一樣發出聲音

一下下就好！

…這樣對…戈啦！

剪好的吸管用鐵夾子夾住末端，再用打火機稍微加熱吸管的末端！

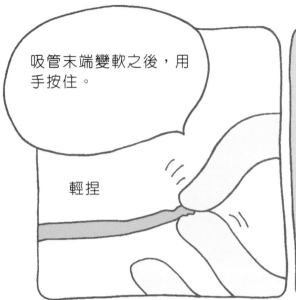

吸管末端變軟之後,用手按住。

輕捏

這樣就完成一支笛管了!很簡單吧?

耶!

所有笛管都完成之後,按照音階排列好,用膠帶繞一圈。

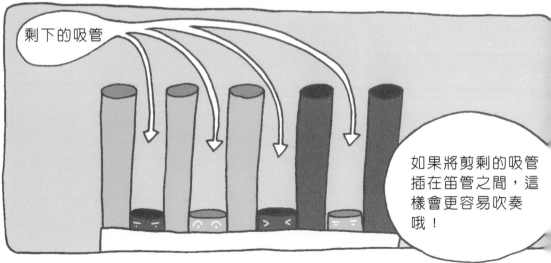

剩下的吸管

如果將剪剩的吸管插在笛管之間,這樣會更容易吹奏哦!

171

白天說話鳥兒聽，夜裡說話老鼠聽，是真的嗎？

有一句俗話說，「白天說話鳥兒聽，夜裡說話老鼠聽」，也就是隔牆有耳的意思，但是這真的有科學根據嗎？

如果溫度變高，空氣的流動會變快，聲音的速度也會變快。在白天，因為太陽的關係，地面慢慢變熱且溫度變高。相反的，在夜裡，地面的熱溫很快散去而使溫度變低。

白天	空中—溫度低—聲音的速度慢。
	地面—溫度高—聲音的速度快。
夜晚	空中—溫度高—聲音的速度快。
	地面—溫度低—聲音的速度慢。

聲音會從速度快的地方折射到速度慢的地方，因此造成白天時聲音在空中折射，晚上的時候則是聲音在地面折射，也就是說，晚上可比較清楚聽到地面的聲音。

所以才會有俗話說，在白天是空中活動的小鳥比較容易聽到說話聲，在夜晚則是在地面活動的老鼠比較容易聽到說話聲。

貝爾（Alexander Graham Bell, 1847-1922）與愛迪生（Thomas Alva Edison, 1847-1931）

貝爾原本是蘇格蘭人，後來還居美國，他是電話的發明者，同時也是聾啞教育家。當貝爾在從事有關聾啞教育的研究時，利用由聲音所引起的空氣密度變化改變為電流變化，發明了電話。

1876年，貝爾發明電話之後，雖然獲得專利，但是無法進行遠距離的通話。所以愛迪生改進了貝爾電話的缺點，使電話的通話距離由幾英哩提高到數百英哩。同一年，愛迪生發明了留聲機，而且據說在他發明留聲機時曾經說了以下的這段話：

「即使是再小的海浪，每當海浪拍打海岸，海灘的沙子都會正確地刻劃出海浪所產生的曲線標識，令我們看了為之驚訝。還有，將沙粒鋪薄薄一層在玻璃或光滑的木板上，放在鋼琴上就會發現到，隨著聲音的振動，會出現各種的直線與曲線。從這些舉例我們可以知道，固體的細粒在液體或氣體之中會因為聲音的弱波而受影響。此現象從以前就已經為眾人所知，而我假設，人類發出的音波也和海浪在沙灘留下標識一樣，可以在某物質留下標識，此假設乃是我幾年前才想到的。」

老師，我有問題！

在外太空裡，可以互相對話嗎？

為了傳遞聲音的波長，需有傳遞聲音的介質。但是外太空並沒有介質，所以說話是聽不到的。

鏡子裡看到的是誰呀？

嘿嘿…我就要做了…

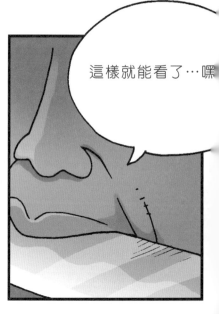

這樣就能看了…嘿

據說12點整，在廁所裡面嘴咬一把刀，看鏡子的話，

就能看到自己未來的老婆了…嘿嘿…會是長什麼樣子呢？

好緊張啊…！嗯…老婆等我…有緣份就會見面了。

好了，快12點了…真的會看到她嗎？嗯…

好

到12點了

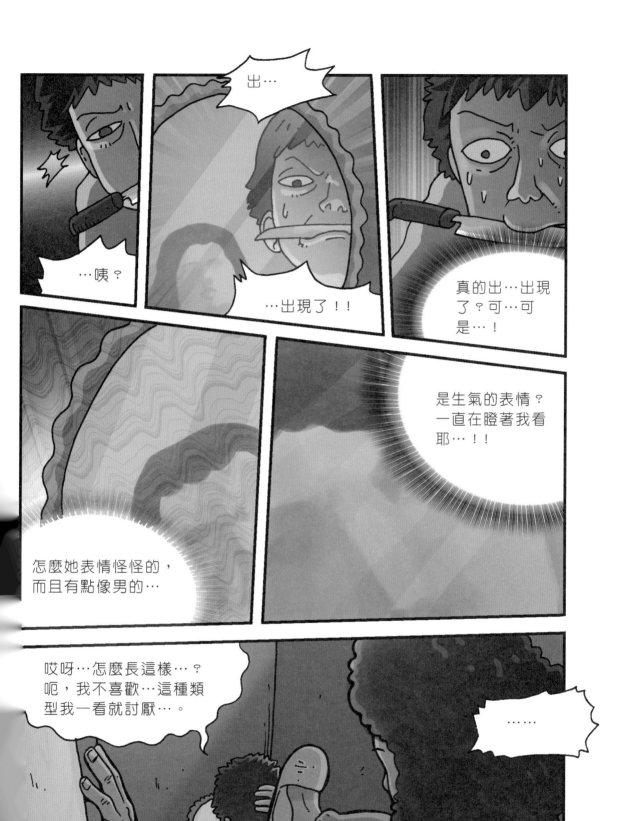

桌球的反射

如果我們將桌球朝著平滑的地板與凹凸不平的地面丟擲，會是如何彈上來呢？

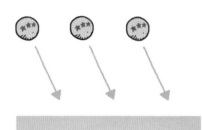
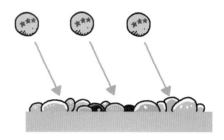

鏡子與紙的反射

鏡子的表面是平滑的，但是白紙的表面卻是凹凸不平的。因此，鏡子表面與白紙表面的反射會不相同。表面與入射角有什麼樣的關係呢？

如果是白紙，即使光都是從同一個方向射入，也會因為表面凹凸不平而有各種入射角，也因此反射的光是朝各種方向反射而擴散出去的（但是這種情況下，入射角與反射角的大小仍會一樣）。所以說，人從任何方向看一張紙，都有光從紙張表面反射，光進到眼裡，當然也就能看得到這張紙了。

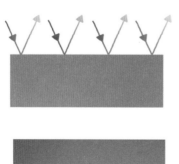
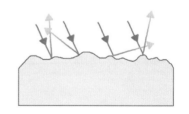

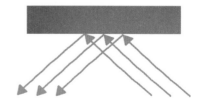

凹面鏡啊，快把我變大吧！

凹面鏡的特性是會把光聚集到同一個地方。這種鏡子如果曲面大，焦點就會遠，會看到和實際物體一樣正立的放大的成像。例如當你手拿化妝鏡，鏡子裡的五官會看起來較大。但是凹面鏡如果曲面小，焦點就會近，例如當你手拿湯匙的凹面，就會看到倒立的縮小的成像。

凸面鏡啊，快把我變小吧！

凸面鏡的特性是會發散光線。看到的會是縮小的成像，所以能夠看的較寬廣。在道路的彎道處設置反射鏡就是利用這個原理。

凹面鏡和凸面鏡的比較

凹面的鏡子和凸面的鏡子，會有不同的光線行進路線，以及會呈現出不同的物體成像。以下的圖示就可以比較出物體與成像的大小差異。

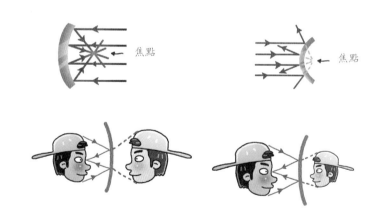

· 凹面鏡的使用：手電筒、顯微鏡、化妝鏡、車前燈等等的反射鏡。
· 凸面鏡的使用：賣場監視鏡、道路轉彎處的安全鏡、車子側邊的後視鏡。

筆記超人

哦哦～

這可怪了～我的臉變長了耶。

嘿嘿…接下來

魔鏡固定放一個位置，然後將東西以不同角度擺看看，這時你可以用一張紙畫下你所看到的。

擺看看吧～

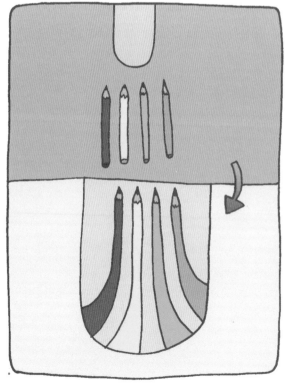

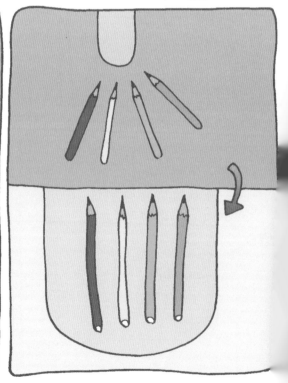

用湯匙當鏡子？

想要看到像哈哈鏡的那種影像，不一定要到遊樂場才看得到哦。你可以拿一根光亮乾淨的湯匙，試著照自己看看，會看到什麼呢？

我們用乾淨的湯匙當作鏡子照看看，首先，用舀湯的那一面照自己的臉，會看到什麼呢？再來，用反面照自己的臉，又會看到什麼呢？所看到的成像是正立還是倒立呢？哪一面看到的臉會比較瘦長呢？由湯匙所看到的成像，就可以證實凹面鏡和凸面鏡的不同囉。

.....

後視鏡裡，有好多汽車耶！

在一般小客車，都會安裝好幾個鏡子。車外兩側前門旁有鏡子，以及駕駛座右前方也有鏡子，這些都是為了觀察後方的來車而設置的。新車都會在鏡面貼上安全的警示：

嘿～看我～

我們是凸面鏡還是凹面鏡呢？

???

「實際的物體比所見的更為接近」

比所見的更為接近，是什麼意思呢？一般而言，越是遠方的物體看起來越小，而越是近處的物體看起來越大，因此，我們看這些後視鏡時，如果看到的汽車小，可能會以為還很遠。但其實，實際並不是遠，而是已經很接近了。由此可知，汽車使用的後視鏡是凸面鏡還是凹面鏡呢？凸面鏡會比實際看起來小，但也看的較寬廣。相反的，如果是想要好好仔細觀察臉上的毛孔，會用哪一種鏡子呢？

這只是常識而已～

鏡子在外太空非常好用

太空衣是一種無法靈活動作的衣服，例如，太空
人不能彎下腰來看身上的時間顯示器。所以這
時候，鏡子在外太空是非常好用的。

到太空漫遊時所穿的太空衣，據說重達113kg，
光是穿上去就必須花費45分鐘的時間。衣服上
面有各種計量器與控制組件，需要利用衣袖上
的鏡子，來確認數據。為了能夠正確看到數據，
這些計量器顯示時都是左右相反的。

韓國的鏡子歷史

韓國最古老的鏡子是西元前六世紀左右製造的青銅鏡。在高麗時代，為
了代表這是高麗的青銅鏡，據說當時也稱之為高麗鏡。可是大部分受中
國的影響很深，所以很難看出是否是高麗獨自
製造的青銅鏡。

到了朝鮮時代，青銅鏡變得大型化而且
變薄，同時有很多都刻有梵文或菊花
圖案。另一方面，當時也使用從日
本傳來的「和鏡」。在韓國，第

一次生產鏡子是在1883年，是設
立在仁川的平板玻璃工廠大量生
產玻璃，而帶動普及了用來照臉的
「面鏡」。除此之外，鏡台與全身鏡也
隨之逐漸大眾化。

用光來染色？

風和日麗…

好一個風和日麗的好日子，令人心情煥然一新啊。

大仙～

您不是要我去請光之精靈今天來幫忙染頭髮嗎？

是啊～都換季了，我也該好好整理一下頭髮了～

哈哈～實在是因為增添不少白髮，才會令我看起來比實際年齡老啊。

是…嗎…。

喂，你這什麼表情！好像在說我是不服老的糟老頭，對不對啊！！！

啊！！！您怎麼這麼說呢～

大仙～～

咦？？

呃？

蹦～!!!

大仙，好久不見～～

是不是讓您久等了？

哦～光之精靈妳們來啦！！

大仙叫我們來，我們豈敢不來呢？

您年紀越大，好像看起來更帥耶～

是嗎，哈哈。我請妳們來，是因為最近白髮遽增～而且加上換季，想讓自己稍作改變～

啊～那我們一定可以幫您，沒問題的，我們光之精靈使用光魔法，可讓大仙您有年輕一百歲的改變～

來吧！漂亮小精靈，我們來準備吧！！

啪！！！

OK～！！！

聽好！！趁此機會，我們來讓老態龍鐘的大仙看起來年輕一點吧…

是啊！！改變髮色，應該可以遮掩大仙的年邁面貌吧…

還有～～～～他的鬍鬚也該整理了！

妳們…討論的時候，可不可以小聲一點別讓人聽到內容呢？

哦，不管怎樣！！我們要用光魔法讓您更加容光煥發！！！

好～！開始

召喚光魔法！！令大仙變得更熱情，紅光！！！！

我也是，召喚光魔法！！令大仙變得清爽有活力，藍光！！！！

還有我，召喚光魔法！！令大仙變得自然美，綠光！！！！

閃亮～

閃亮～

大仙，您看起來老了三百歲耶…。

將太陽光分離！

用我們的眼睛看太陽光，看起來是白色的，但是太陽光究竟是由哪些顏色組成的呢？只是白色嗎？或者是由其他顏色組成的呢？

當太陽光通過稜鏡（prism）之後，就可以看出是哪些顏色了。

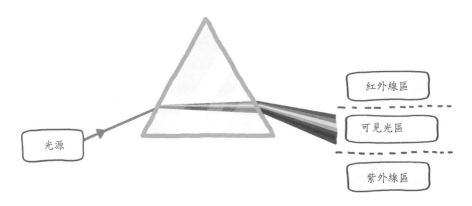

所謂光的分散，是透過稜鏡把太陽光分散，光線因為折射而產生像彩虹的各種顏色，這種現象稱為光的分散。光線的每個顏色波長不同，不同的波長所折射的程度不同，所以才會產生光的分散。

光線通過稜鏡的時候，波長越小則折射越大，波長越大則折射越小。因此，光線通過稜鏡時波長較大的紅色折射少一點，而波長較小的紫色折射多一點，然後光線被分散開來。

 停！看！聽！

光譜（spectrum）是由於光的分散而形成的，有各種顏色在光譜內。彩虹也是光譜，在空中的無數小水珠等於是個稜鏡，經過太陽光的照射，光線分散，就會形成彩虹了。

光有許多的種類

我們人的眼睛可以看到光線之中的紅、橙、黃、綠、藍、靛、紫等顏色的可見光線，但是用人的眼睛看不到紅外線和紫外線。

紅外線是在紅色之外，這種光線的熱作用強烈。紫外線是在紫色之外，這種光線的化學作用強烈。

如果把光全部合起來呢？

所謂光的合成，是將各種單色的光（單色光）合在一起會回復為白光，這種現象稱為光的合成。就如同顏料有三原色，光也有三原色。光的三原色是紅、綠、藍色，與顏料不同。

紅光與藍光混在一起，會變成紫紅光，紅光與綠光混在一起，會變成黃光。還有，藍光與綠光混在一起，則會變成青光。

顏料的三原色全部合在一起則是會變成黑色。可是光的三原色全部合在一起卻會變成白色。同樣的，顏料越是混合會越黑，而光越是混合會越亮。

光

色

色的三原色　光的三原色

青＝白色－紅
紫紅＝白色－綠
黃＝白色－藍

物體的顏色

光線到達物體時，一部分的光會被吸收，一部分的光則被反射。我們的眼睛因為有這反射光進到眼睛，才能夠辨識該物體的顏色。白色的物體會反射所有顏色的光，此時所有顏色進到人的眼睛，就會看到白色。相反的，黑色的物體會吸收所有顏色的光，任何顏色的光都不會到達人的眼睛，就會看到黑色。

教學實驗室　　用CD分光器製作彩虹

來囉！又到了做實驗的時間，Yo！！！

Yo！！

~Yeah!

實驗名稱是，用CD分光器製作彩虹！！！

唰！

然後～然後～需要準備這些東西，Yo！！！

YO!

紙盒

剪刀

美工刀

黑色膠帶

CD（不再使用的那種！）

啊哈

首先，要剪裁出一個紙盒，Yo！

是！

大小大約是草莓巧克力棒紙盒的一半，Yo！

在紙盒一個側邊割出1×0.2cm大小的孔，Yo！

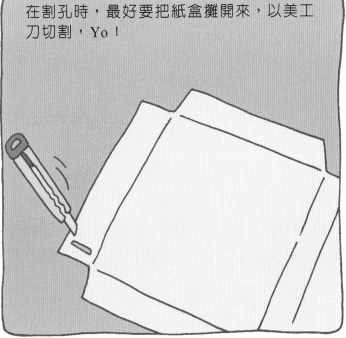

在割孔時，最好要把紙盒攤開來，以美工刀切割，Yo！

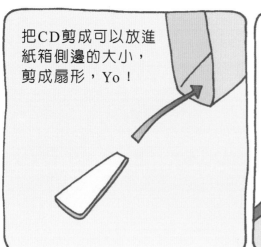

把CD剪成可以放進紙箱側邊的大小，剪成扇形，Yo！

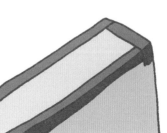

邊緣貼上黑色膠帶，以防止其他光線透進來，Yo！

哦哦！！完成！！！

注意！要把CD貼在可以看到彩虹的位置，Yo！

哦耶！Come on now～來，我們開始觀察，Yo！

Yeah～

氦氣的發現

　　形成宇宙的元素之中，有一種是「氦氣（He）」，可是氦氣第一次被發現，卻是從太陽發現到的。因此這個元素的名字「Helium」是代表太陽的意思。我們人類不曾有人到過太陽，但為何科學家會發現氦氣存在於太陽呢？

　　氦氣是1868年有科學家在印度觀察日全蝕的太陽光譜時意外發現到，在光譜之中有波長587.6nm的新光譜線存在，這時人們才發現氦氣。在1894年，從一種含鈾礦物—釔鈾礦（cleveite）之中分離出氦氣，這時人類才驚訝發現到原來地球也有氦氣，這和1868年發現到的氦氣光譜是相同的。

 ## 讓我們來分析電視的顏色～

　　如果我們用簡易的顯微鏡放大看，電視或電腦的螢幕會是什麼樣子呢？

白色　　　　　　　　　　　　　　　黃色

　　電視或電腦的螢幕顏色如同上圖，只會找到三種色。看起來彩色的所有顏色，都可以用紅、藍、綠三種顏色就能夠呈現。

　　我們現在就可以來確認看看。用電腦執行word文件，畫出一張圖表，這時如果想要指定表格的底色，則會以紅、綠、藍（在電腦程式上是以R, G, B顯示）的比率來顯示顏色。

什麼是BLB燈管？

如果我們去KTV唱歌，有朋友原本穿白色衣服，卻看起來像藍色衣服，這就是因為包廂裡面有BLB燈管的關係。

這BLB燈管不使用時外表看來是黑色的，這種長波紫外線UVA燈管能夠放射出波長315nm~400nm的紫外線，具有強烈光化學效應與螢光效應。使用BLB燈管時，它特殊的濾光玻璃管會吸收可視光，可讓這個波長範圍的紫外線有效通過，360nm波長的紫外線會對螢光物質有反應。螢光粉可作為讓白衣服變得更白的物質，所以白衣服被BLB燈管照到會顯出螢光效果。由於BLB燈管不會射出可視光，所以不會區別顏色。主要被廣泛用於考試、鑑定、檢查、調查時所需的光源。

還有，也被使用於一般照明用的螢光燈具，如果近距離檢查時或長時間作業等，都必須戴上護目鏡以維護眼睛安全。

紫外線會對螢光物質產生反應，所以在燈管前方放置紙鈔、信用卡、商品禮券、圖書禮券，就能看得到其中隱藏的螢光圖案。透過這種方式，可以檢驗出偽造的紙鈔。

 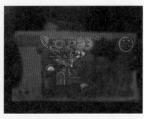 

教科書裡的瘋狂實驗

漫畫科學

物理、生物、地球科學、化學

全書彩色印製 | 每冊300元

教科書跟你想的不一樣

瘋狂實驗配合連環漫畫，顛覆你的想像！

　　以漫畫呈現與課堂教材相呼應的科學實驗，激發對科學的好奇心、培養豐富的想像力，本書將引領孩子化身小小實驗家，窺探科學的無限可能。生活處處為科學，瘋狂實驗到底有多好玩？趕快一同前往「教學實驗室」吧！

　　從科學原理出發，詼諧漫畫手法勾勒出看似瘋狂卻有原理可循的科學實驗，這是一套適合師生課堂腦力激盪、親子共同動手做的有趣科普叢書，邀您一同體驗科學世界的驚奇與奧秘！

全新官方臉書

五南讀書趣

WUNAN
Books since1966

Facebook 按讚

 1秒變文青

★ 專業實用有趣
★ 搶先書籍開箱
★ 獨家優惠好康

不定期舉辦抽
贈書活動喔！

 五南讀書趣 Wunan Books

經典永恆・名著常在

◆

五十週年的獻禮——經典名著文庫

五南，五十年了，半個世紀，人生旅程的一大半，走過來了。

思索著，邁向百年的未來歷程，能為知識界、文化學術界作些什麼？

在速食文化的生態下，有什麼值得讓人雋永品味的？

歷代經典・當今名著，經過時間的洗禮，千錘百鍊，流傳至今，光芒耀人；

不僅使我們能領悟前人的智慧，同時也增深加廣我們思考的深度與視野。

我們決心投入巨資，有計畫的系統梳選，成立「經典名著文庫」，

希望收入古今中外思想性的、充滿睿智與獨見的經典、名著。

這是一項理想性的、永續性的巨大出版工程。

不在意讀者的眾寡，只考慮它的學術價值，力求完整展現先哲思想的軌跡；

為知識界開啟一片智慧之窗，營造一座百花綻放的世界文明公園，

任君遨遊、取菁吸蜜、嘉惠學子！